U0084929

烘焙新手的第一堂課

# 點心裝飾，基礎的基礎

鮮奶油｜香緹｜蛋白霜｜奶油霜｜甘那許｜
裝飾技巧和糕點製作

盧美玲 著

朱雀文化

# 練習與想像力，是點心裝飾成功的祕訣

　　走在大街小巷，甜點店處處可見，店內擺設的甜點也琳瑯滿目，深深吸引甜點愛好者。看到這些精緻美味的點心，愛吃甜點的人，也總會想試著親手做出美味蛋糕，因此，我們精心設計關於基礎蛋糕裝飾的五個單元：鮮奶油、香緹鮮奶油、蛋白霜、奶油霜和巧克力甘那許，希望讀者都能夠完成自己創造的，既賞心悅目又獨具風格的美味蛋糕。

　　書中每個單元皆使用不同花嘴做基本技巧的練習，每個步驟都附上圖片說明，即使是初學者，也能輕鬆上手。為了不讓讀者花費太多金錢購買各式各樣的花嘴，本書也建議基礎花嘴，只要靠這些花嘴，就能變化出各種圖案。

　　學會基本技巧後，將進一步圖解說明如何製作蛋糕主體、將蛋糕切片分層、夾餡、抹蛋糕或淋面、表面裝飾擠花、水果擺設和巧克力擺設等，讓讀者充分了解材料特性，並且學習基本處理方法。

　　書中還有一些小叮嚀，是我常常犯錯的經驗談。很多初學者總煩惱該如何裝飾，甚至因為抓不住竅門而不知如何是好。還記得我在學習時，除了勤奮練習、留意師傅的做事訣竅，還會多看美術相關書籍、參考名師出版的烘焙書籍，慢慢培養美感，久而久之就可以發揮想像力，以喜愛的方式調整裝飾，讓成品擁有獨特的個人風格。相信讀者只要把握這些方法，就能跟我一樣做出美味又耀眼奪目的蛋糕！

　　最後感謝支持我的家人，還有烘焙夥伴柏松、昇平、祐瑜，編輯文怡，攝影師阿億，因為你們的幫忙，才能順利完成這本書，辛苦你們了！最後，希望能把我對烘焙的熱情和經驗傳遞給各位讀者，期待你們會喜歡這本書！

盧美玲
2017 夏天

# 實際操作之前的7個注意事項

　　本書是專為烘焙新手設計的「烘焙小學堂」課程，但重點在「基本的蛋糕、點心裝飾」。準備好翻開書操作之前，建議先閱讀以下幾個注意事項，方能更快進入點心裝飾的「基本技巧」和「糕點實作」內容。

❶ 書中挑選出「鮮奶油」、「香緹鮮奶油」、「蛋白霜」、「奶油霜」和「巧克力甘那許」五個單元，可以隨意挑選自己想先學的單元，不一定要按照書中的排列順序操作。

❷ 本書挑出幾種較常見的實用花嘴做基本教學。因各品牌的花嘴號碼尺寸不盡相同，在基本裝飾技巧部分，建議使用相同形狀的花嘴練習即可。

❸ 植物性鮮奶油在裝飾上非常重要，然而每個品牌成分都略有不同，本書中的配方比例和操作步驟，都是以台灣市售率最高的「長春牌植物性鮮奶油」為範例。以攪打植物性鮮奶油為例，如果是使用長春牌，建議在一開始先用高速攪打，再改速度，這樣可以縮短攪打時間。但若你購買的是其他品牌的植物性鮮奶油，是否一開始就要用高速，請讀者們先自行嘗試，再做調整。

❹ 本書中使用的基本工具沒有特別偏好，但希望新手們在操作前，可先翻閱p.8～15「基本工具」的介紹，先認識工具的特性再選購適合自己的。

❺ 書中每個單元都是以花嘴的「基本技法」→「糕點範例」的順序進行，目的是讓大家先學會基本技法再實際操作，只要多練習花嘴運用，必能成功裝飾點心！

❻ 為了拍照呈現美觀，書中多數以玻璃盆操作，如果你也使用玻璃盆，需注意使用安全，並且避免以玻璃盆加熱。

❼ 本書所選的「糕點範例」大多是針對烘焙新手設計的實作品項，但當中P.102、P.124的「歐培拉」和「沙哈」，特別設計給進階者練習。不過，等新手熟練之後，別忘了試試這兩款經典蛋糕。

# 目錄 Contents

## 奶油霜裝飾——96

## 巧克力甘那許裝飾——116

# 工具 與 材料篇

## 基本工具&常見食材

### Utensils and Ingredients

花嘴、擠花袋、蛋糕轉枱這類工具，依材質、尺寸、形狀的差異，產品選擇非常多，對於剛踏入點心裝飾的新手來說，難免不知如何選購。所以，我在這個單元中介紹一些基本的工具和常見食材，建議新手們先了解這些東西再購買，以免買到不實用的而大傷荷包。

Utensils and Ingredients

## 基本工具

### Basic Utensils

## I 攪拌類

### ❶ 桌上型電動攪拌器

　　屬於常見的直立式攪拌器，可以直接放在桌子上。有固定放攪拌盆的位置，避免機器運轉中翻倒，讓操作更加穩固。電動攪拌器的優點是「省時、省力」，所以製作食材份量較多時，有了它如有神助。缺點是攪拌盆必須配合機器高度，所以只能搭配該品牌的產品使用。購買時可依攪拌盆容量、機器材質等選擇。

❶市面上也有「桌上與手提一機兩款」的產品，可拆下使用，靈活度大。

❷每個廠牌、機款的馬力和段速都不同，可以親自操作看看。

### ❷ 手提式電動攪拌器

　　方便攜帶可提著走、有電源的地方就能使用、靈活度大，是手提式電動攪拌器最大的特點。同時對於家中收納空間小，製作份量較少又不想純手工操作時，很推薦使用。選購時，以馬力大小、操作按鈕和顯示、材質、操作手感為重點。

### ❸ 手拿攪拌棒

　　**A.30公分長不鏽鋼攪拌棒。**這是必備的打發、攪拌工具，尤其當你製作的食材份量較少時，用這個非常方便。市面上攪拌棒非常多，建議準備一支長約30公分的來打發。

　　**B.30公分長刮刀功能攪拌棒。**這支攪拌棒最大的特點在於附加刮刀功能，可直接用在攪拌時的刮缸動作，不用換刮刀操作，超級方便。

　　**C.30公分長不鏽鋼攪拌棒。**這支攪拌棒是打發各種材料的必備基本款，金屬材質易清洗，附掛勾，收納簡單。

　　**D.24公分長不鏽鋼攪拌棒。**這支攪拌棒較短，可用在攪拌醬汁、煮餡料。選購時還可依球狀鋼絲部分是否有彈性、握把是否好握當作選擇重點。

❸A握把符合人體工學，好握。B除了基本功能，鋼絲上綠色部分還可用來刮缸，很實用。

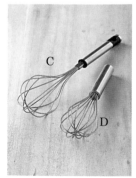

❸C約30公分長，多用來打發。D約24公分長，攪拌醬汁、煮餡料剛剛好。

# II 測量類

## ❶ 量匙、量杯、電子秤

　　A & B. **量杯**。製作西點、麵包，測量器具非常重要。通常新手可以準備一個大量杯、小量杯測量液體和大份量的食材。建議購買杯內有刻度，或者刻度一目了然的透明杯。量杯材質上，不鏽鋼、玻璃都算耐用且好清理。

　　C. **電子秤**。是最佳秤量工具，建議可購買最小單位「0.1 克」的秤，方便秤量像泡打粉、酵母粉這類用量較少的食材。

　　D. **量匙**。小量食材使用量匙量取較方便，量匙通常一組分成 1 大匙、1 小匙、1/2 小匙和 1/4 小匙。記得測量乾粉時，要將表面刮平才是我們要秤的「平匙」。

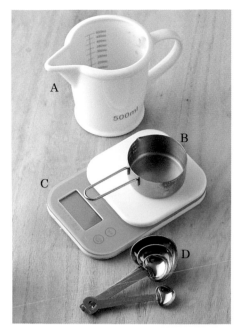

❶A和B容器內有刻度，倒入食材也能看到刻度。C電子式顯示，閱讀較方便。D一組三或四支，容量不同。

## ❷ 溫度計

　　A. **水銀煮糖專用溫度計**。測溫範圍 0℃～ 250℃，通常用來測量糖漿、果醬，喜歡拉糖、製作軟糖和果醬的人不可缺。測溫速度較慢，測溫完後記得放入溫水內。

　　B. **電子式溫度計**。測溫速度較快，測溫範圍 -10℃～220℃，可以用在製作料理、烘焙點心、調製飲品和煮咖啡等。

　　C. **定溫響聲安全溫度計具**。有不鏽鋼材質 L 型探針，測量範圍 0℃～ 250℃，包含時鐘、計時、溫度設定和定時響鈴等功能，也可當測溫棒。製作料理、烘焙點心、調製飲品等皆適用。

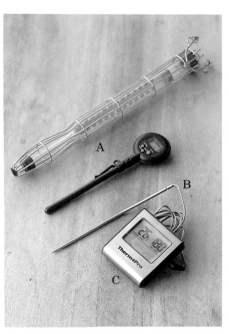

❷A為製糖專用，B和C料理、烘焙都可用，實用度高。

# Ⅲ 花嘴類

▲不鏽鋼材質的花嘴是最常見的。

▲塑膠材質的花嘴輕巧好收納、不會生鏽。

▲比較少見的透明塑膠花嘴,很輕巧。

## ❶ 基本款花嘴

**A. 圓形平口花嘴。**無鋸齒、圓口,最常使用的花嘴,有 12mm、10mm 等多種尺寸,可依需求選用。它可以搭配鮮奶油、蛋白霜、奶油霜等擠出圓球、水滴等形狀裝飾西點,或者擠成線條,做成手指餅乾。書中用到的地方包括:p.27 圓球形、p.28 水滴形和愛心形、p.80 直線形和波浪 S 形,以及 p.58 巧克力塔的裝飾等圖樣,用途很廣,建議新手學習。

**B. 玫瑰花嘴。**不規則斜線形,一端有點圓弧,可搭配奶油霜、香緹鮮奶油擠出扁平花瓣、玫瑰花瓣,或是藝術裝飾蛋糕的圍邊、切片蛋糕的表面裝飾、拉有弧度的斜線等。書中用到的地方包括:p.57 波浪形和連續閃電形、p.100 小波浪形等圖樣。

C. **齒形菊花花嘴**。齒形是很常見的花嘴，依鋸齒數量，像五齒、六齒、八齒、十齒、多齒等都有，加上粗細變化多，能擠出許多不同大小的圖樣，比如用在小西點、藝術造型蛋糕、慕斯等處，用途很廣。書中用到的地方包括：p.29 星星形和貝殼形、p.30 漩渦形、p.56 連續螺旋形和大立體形，以及 p.32 繽紛鮮奶油蛋糕、p.44 草莓杯子蛋糕、p.64 藍莓香緹杯子蛋糕的裝飾。

五齒　　　　　　　六齒　　　　　　　十齒　　　　　　　多齒

D. **扁齒花嘴**。一直線、一排扁平細小鋸齒形花嘴。通常用在擠平面圖樣，可搭配蛋白霜、鮮奶油等擠出細線海浪、樹幹蛋糕外表的線條紋路、藝術裝飾蛋糕圍邊，或者組合成編織花籃。書中用到的地方包括：p.79 直線形、花籃形等圖樣。

❷ **特殊形狀花嘴**

A. **缺口花嘴**。在圓形平口花嘴邊緣有個三角形的缺口，是製作聖安娜蛋糕不可缺的花嘴，所以又叫聖安娜花嘴。可搭配蛋白霜、鮮奶油等擠出圖樣。書中用到的地方包括：p.77 基本形、p.78V 字形連結和連續彎曲形，以及 p.81 檸檬塔的裝飾等。

B. **葉子花嘴**。花嘴如倒 W 的形狀，搭配不同尺寸的葉子花嘴，能輕易擠出大小片葉子。書中用到的地方包括：p.101 葉子形和蕾絲形等圖樣。

C. **多孔花嘴**。屬於特殊形狀花嘴，花嘴上有數個小孔洞。通常是用來擠立體線條，像是 p.86 蒙布朗。

# Ⅳ裝飾類

## ❶ 擠花袋

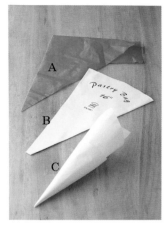

❶A和C都屬於拋棄式擠花袋，B可重複使用。

**A. 塑膠拋棄式擠花袋**。裝飾蛋糕、西點時不可缺的器具，除了三角紙，一般都必須搭配花嘴使用。拋棄式擠花袋是市面上常見的擠花袋，優點是使用方便，用完即可直接丟棄，不需清洗、晾乾。適合用在裝飾蛋糕、擠花。

**B. 可洗式擠花袋**。優點是可以重複使用，不浪費。通常為白色，用畢要清洗，以熱水煮沸消毒，然後晾乾。建議購買 25 公分尺寸的，用在裝飾蛋糕、擠花。

**C. 三角紙擠花袋**。如果家中沒有擠花袋或是操作的食材量少時，可利用防油三角紙自製擠花袋。三角紙擠花袋適合用在蛋糕細部畫線條花紋、寫生日快樂等字，或是擠少量餡料時。折法和用法可參照 p.120 ～ 121。

## ❷ 蛋糕轉枱

**A. 木質蛋糕轉枱**。轉枱是讓你裝飾蛋糕、塗抹鮮奶油、擠花更順利的好幫手。這個木質轉枱底座較低，適合點心的表面裝飾。建議選購直徑 25 公分～ 30 公分的為佳。

**B. 金屬鋁合金蛋糕轉枱**。底座較高且穩固，旋轉順暢，適合一般糕點裝飾，即使蛋糕側邊底層也能輕易裝飾。

**C. 塑膠蛋糕轉枱**。價格較便宜好入手、易收納，不過因底座比較不穩，操作時要更謹慎。

▲如果購買的是比較低的轉枱，操作蛋糕側邊底部時，可以架高轉枱。

▲塑膠和金屬轉枱可在一般烘焙商店買到。

# V 刮、切、壓類

## ❶ 抹刀

　　A.**6 吋平抹刀**。木質手把、刀柄為不鏽鋼，通常 6 ～ 8 吋的平抹刀是最適合家庭烘焙使用的尺寸，常用在蛋糕抹面、抹奶油霜等處。

　　B.**8 吋 L 型抹刀**。木質手把、刀柄為不鏽鋼，也很適合家庭烘焙使用。可用在抹蛋糕、抹平整盤蛋糕或慕斯、移動蛋糕。

　　C.**小支 L 型抹刀**。塑膠握把方便輕巧，刀柄為不鏽鋼，可用在小的切片蛋糕上，或是抹平深模型中的麵糊。

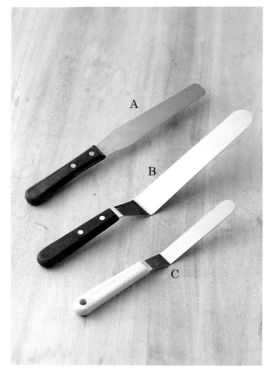

❶ 選大支平抹刀（A）還可以當作移動蛋糕的工具。L型抹刀（B和C）可以抹平深烤盤或深模型中的麵糊。

## ❷ 刮板和刮刀

　　A.**PP 塑膠刮板**。可以刮麵糊、切麵團，或者翻拌食材，用途很廣。適合用在刮平鮮奶油蛋糕、刮奶油、麵糊。缺點是不耐熱，遇熱容易變形。

　　B.**圓弧形矽膠刮板**。可用在刮圓弧形的攪拌容器、刮平奶油和麵糊。矽膠材質可耐高熱、硬度高，不易損壞。

　　C.**矽膠刮刀**。多用在翻拌食材，刮除電動攪拌器攪拌過程中黏在盆子上的食材（又叫刮缸）。小支刮刀則可以攪拌液體，如巧克力甘那許、蛋液等。

❷ 刮刀（C）有分軟硬，軟的適合刮缸。

# VI 模型類

**A. 8 吋活動底蛋糕模型。**建議購買 6 吋、8 吋。它可以用來製作海綿蛋糕、戚風蛋糕、天使蛋糕、重奶油蛋糕等，活動底更容易脫膜。不鏽鋼的材質導熱性佳、易清洗、保存。

**B. 6 吋固定底蛋糕模型。**也是必備款，6 吋和 8 吋較實用。這是鐵氟龍材質，不生鏽，耐高溫，表面有陽極處理。適用於製作戚風蛋糕、海綿蛋糕、起司蛋糕、天使蛋糕和慕斯等。此外，因固定底模型容易沾黏蛋糕體，避免沾黏的方法有：1. 可裁切烤盤紙，鋪在模型的邊緣和底部。2. 在表層抹一層沙拉油或奶油，再撒上一層薄薄的麵粉。

**C. 3 吋塔模型圈。**直徑 9 公分 × 高 2 公分，不鏽鋼材質，導熱性佳。可用在製作小塔類點心。

**D. 5 吋固定底蛋糕模型。**鋁合金材質，可製作戚風蛋糕、海綿蛋糕、起司蛋糕、天使蛋糕等。

**E. 各式壓模。**有聖誕樹、愛心、星星等圖案，高約 1.8 公分，可製作造型餅乾，或者巧克力模具。

▲模型依用途、材質和尺寸，商品多得數不清，建議先買實用度高的模型，例如 A、B、D。

▲連模可防止烘烤過程中，模型滑動（F）。單個小模型可以套起來收納，不佔空間（G、H、I、J）。

**F. 6 個連模馬芬模型。**鐵氟龍材質，耐高溫，可直接入烤箱，傳導熱度佳，表層陽極處理。適合用來做馬芬、小蛋糕。用法是把軟紙杯放入模型中，再倒入麵糊，烘烤後直接方便拿取，模型也方便清洗。

**G. 布丁鋁模型。**鋁合金材質，耐腐蝕。適合製作蛋塔、馬芬、小蛋糕等。

**H. 硬紙杯。**耐烤材質，杯內為防沾處理。可以直接進爐烘烤，底層不用墊模型。適合用來做馬芬、小蛋糕等。

**I. 白色透明紙杯。**耐烤材質，烘烤時底層要墊模型（搭配 F 使用）。適合用在製作馬芬、小蛋糕等。

**J. 矽膠杯子模型。**矽膠材質，耐烤度高，可以直接進爐烘烤，底層不用墊模型。適合製作馬芬、小蛋糕、布丁、巧克力等。

# VII 其他類

A. **矽膠烤墊**。可以鋪在工作枱面上，不管揉或切割麵團都可以在烤墊上操作，還可避免枱面髒亂。有的烤墊上會印上度量衡、直徑大小，方便將麵團切割或擀圓至所需尺寸。

B. **輪軸形擀麵棍**。是擀麵皮不可缺的工具。操作時將兩手放在握把處，往前後施力滾動即可，比較省力且施力均勻。建議購買質感較重的擀麵棍。

C. **烘焙重石**。是盲烤（預烤）派皮、塔皮時的小幫手。塔皮、派皮盲烤時放入重石，可避免塔皮、派皮膨脹變形。也可用豆子代替，但因為豆子會愈烤愈輕，必須換新的。

D. **活動式塔模**。優點是脫膜簡單，成品品項較佳。此外，活動式塔模的底片也可以拿來當作其他麵團畫圓的工具。

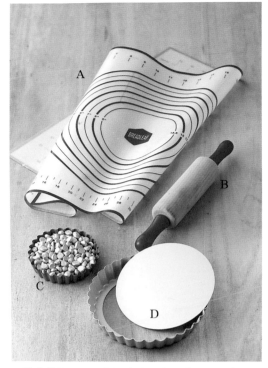

▲這些烘焙工具可依個人的需求選購，不一定要一次買齊。

E. **篩網**。直徑約 20 公分，網線多為不鏽鋼製。製作點心時，用來篩粉類，或者搭配壓板過篩果泥等。直徑愈大篩的份量愈多。

F. **小型篩粉器**。多用在點心製作的最後階段，比如點心表面篩糖粉、可可粉裝飾。此外，花式咖啡表面，也可以用篩粉器做圖案變化。

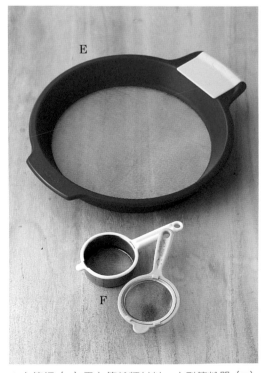

▲大篩網（E）用在篩粉類材料，小型篩粉器（F）則用在裝飾居多。

# I 奶蛋類

常見食材
General Ingredients

## ❶ 鮮奶油

A. **植物性鮮奶油**。是以植物性脂肪為主要原料，添加了鮮奶油安定劑、乳化劑和糖，所以甜度較動物性鮮奶油高。由於它的打發狀態安定性較佳，而且不易油水分離、外觀維持度較好，所以比較適合用在裝飾蛋糕，像是裝飾擠花、塗抹蛋糕體表面等。由於市面販售的植物性鮮奶油品牌不少，每個品牌成分都略有不同，本書中的配方比例和操作步驟，都是以台灣市售率最高的「長春牌植物性鮮奶油」為範例。

以攪打植物性鮮奶油為例，如果是使用長春牌，建議在一開始先用高速攪打，再改速度，這樣可以縮短攪打時間。但若你購買的是其他品牌的植物性鮮奶油，是否一開始就要用高速，請讀者們先自行嘗試，再做調整。

B. **動物性鮮奶油**。是生乳在提煉奶油的過程中產生的，優點是自然香醇的風味。鮮奶油中的乳脂肪高低會影響口感，目前市售常見的乳脂肪 35%～ 40%的適合打發，18%～ 30%的適合搭配咖啡。乳脂肪越高香味越濃厚，打發所需的時間較短。然而相較於植物性鮮奶油，它比較容易腐壞變質，保存期限短，絕對避免冷凍，以免冷凍後再解凍時呈油水分離狀況，所以打發後要盡快用完，不要保存。通常製作香緹鮮奶油、鮮奶油卡士達、慕斯、奶酪等。

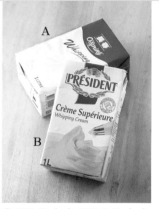

❶植物性（A）與動物性（B）鮮奶油各有特色，讀者可依自己的需求選用。

## ❷ 天然（動物性）奶油

可以讓點心具有香氣、質地酥鬆、入口即化，它分成無鹽、有鹽兩種。無鹽奶油含脂量較高、不含鹽，而且香氣較濃郁，成品的風味佳、效果好。所以通常製作西點時，如果沒有特別說明，就是使用無鹽奶油。

❷烘焙點心若無特別說明，則使用無鹽奶油。

## ❸ 雞蛋

雞蛋是糕點食材中很重要的材料！雞蛋含有 12% 的脂肪和 75%的水分，以及其他如固形物、礦物質和碳水化合物等。蛋黃屬於柔性材料，蛋黃內含有卵磷脂，具有超優的乳化作用；蛋白則屬於韌性材料，其中 88% 都是水分，決定了蛋糕體是否蓬鬆。使用時，冷藏的蛋取出後，最好先放在室溫退冰再使用。製作蛋白霜時，更要將蛋殼擦乾。

❸雞蛋是比較容易敗壞的食材，放在冰箱深處保存，不要放在冰箱

# Ⅱ 核果與果泥類

## ❶ 核果乾果

A. **蜜核桃**。是將炒過的核桃裹上糖漿後放涼，除了當零食吃，還可以用在西點蛋糕、塔類、糖果、餅乾等。

B. **杏仁片**。在西點中最有名的，莫過於杏仁瓦片餅乾了。杏仁片經過烘烤產生獨特的香氣，更能提升點心的風味與口感。

C. **杏仁粉**。杏仁果磨成粉，沒有加入其他添加物，不同於一般杏仁茶的材料。多用在製作西點、塔類、馬卡龍、餅乾等。

D. **芭瑞脆片**。薄餅（以雞蛋、牛奶、砂糖、低筋麵粉拌成麵糊煎成）邊緣的碎片。用在裝飾鮮奶油蛋糕、西點、塔類、慕斯、冰淇淋等。

E. **蔓越莓乾**。蔓越莓烘乾製成，使用在馬芬、蛋糕、塔類、餅乾等。

❶核果類添加在點心中可以增加香氣與提升口感。

## ❷ 果泥

A. **藍莓果泥**。深藍近黑色，融合了酸味和溫和的甜味。通常是以真空包裝冷凍販賣。多用在蛋糕、慕斯、奶酪、塔派的餡料、軟糖、淋醬、醬汁和冰淇淋。用法是將果泥隔水加熱解凍，或者以微波加熱使用。剩下用不完的果泥放冷凍，約可保存一個月。

B. **覆盆子果泥**。比草莓果泥略深的紅色。多用在蛋糕、慕斯、奶酪、塔派的餡料、軟糖、淋醬、醬汁和冰淇淋。用法是將果泥隔水加熱解凍，或者以微波加熱使用。剩下用不完的果泥放冷凍，約可保存一個月。

C. **濃縮咖啡醬**。在烘焙材料行可以買到，多用在蛋糕、慕斯、冰淇淋、醬汁等。保存期限約三個月。如果買不到，可以將 10 克即溶咖啡粉、25 ～ 30 毫升熱水拌勻取代即可。

D. **草莓果泥**。多以真空包裝冷凍販賣。常用在蛋糕、慕斯、奶酪、塔派的餡料、軟糖、淋醬、醬汁和冰淇淋。用法是將果泥隔水加熱解凍，或者以微波加熱使用。剩下用不完的果泥放冷凍，約可保存一個月。

❷果泥（A、B、D）易壞，需冷藏保存，建議若非大量使用，買小包裝即可。

# Ⅲ巧克力類

## ❶ 巧克力

A.**調溫苦甜巧克力**。成分是可可脂、苦甜巧克力、砂糖，可可脂含量愈高價格愈高，化口性較佳。一般調溫巧克力以可可脂為主成分，在 30℃～36℃開始融化（人體體溫 37℃ 輕易能融化），因此用調溫巧克力可以做出許多入口即化的巧克力點心。而苦甜巧克力屬於黑巧克力，含糖量約 30％。可用來製作蛋糕、塔類、慕斯、手工巧克力等點心。

B.**調溫白巧克力**。成分是可可脂、巧克力、砂糖、奶粉，沒有其他添加物。使用在西點蛋糕、塔類、慕斯、手工巧克力等。

C.**巧克力米**。以苦甜巧克力製作，使用在裝飾鮮奶油蛋糕、餅乾等。

❶用調溫巧克力（A、B）可以做出更多種入口即化的點心。

## ❷ 巧克力飾片

A.**圖樣巧克力飾片**。可以用苦甜巧克力、白巧克力（調溫或不調溫都可）搭配成份為可可脂的轉印紙，製成各種不同圖樣、形狀的裝飾片，像是大圓形、小圓形、三角形、正方形等。

B.**巧克力薄片**。可分別加入抹茶粉、草莓巧克力做成繽紛色彩。

❷想讓點心裝飾更多變化，可以使用巧克力飾片。

# VI裝飾類

## ❶ 表面裝飾

　A. **星星棉花糖**。以蛋白、葡萄糖漿或白麥芽、砂糖、吉利丁、食用色素製成的各色棉花糖。使用在裝飾蛋糕、塔類、薑餅屋等。

　B. **開心果碎**。一般用在裝飾鮮奶油蛋糕、餅乾、慕斯、手工巧克力、冰淇淋等。

　C. **珠珠巧克力**。巧克力中加入食用色素製成，市售產品有多種顏色可選。裝飾蛋糕、杯子蛋糕，讓點心更高貴。

　D. **蛋白餅**。以蛋白、砂糖、葡萄糖漿或白麥芽，加上食用色素做成的法式小甜點。可以直接吃，或是裝飾蛋糕、塔類等。

　E. **糖片**。是以蛋白、糖粉、葡萄糖漿或白麥芽、吉利丁等材料製作。有愛心、星星、彩虹和小花糖片，多用在裝飾蛋糕、塔類、薑餅屋等。

❶這些都是市售點心裝飾品。只要用少許量搭配蛋糕、小點心，變能為糕點品項加分。

## ❷ 色素和色膏

　A. **食用色素水**。液體水，極少用量即可。只要滴入麵團、奶油霜中，就能調配顏色。多用在翻糖、糖霜餅乾、裱花等。

　B. **食用色膏**。較黏稠的膏狀色素，不易結粒，極少用量即可。多用在麵糊、翻糖、糖霜餅乾、裱花、馬琳糖、馬卡龍、打發鮮奶油等。

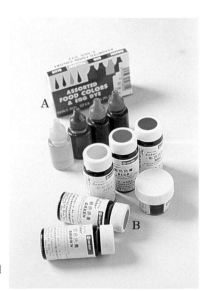

❷色素加入量也會影響成品顏色，建議自己嘗試調色，可做出深淺效果。

# 裝飾 與 糕點篇

## 鮮奶油＆香緹鮮奶油＆
## 蛋白霜＆奶油霜＆
## 巧克力甘那許

### Decoration and Desserts

為了讓親手做的點心視覺上更加分，你可以嘗試簡單的裝飾。以下為新手介紹幾種常見且入門級的裝飾材料和技巧，包含鮮奶油、香緹鮮奶油、蛋白霜、奶油霜和巧克力甘那許的製作和裝飾應用，馬上來試試看吧！

Decoration and
Desserts

# Whipped Cream Decoration

鮮奶油
裝飾
Whipped Cream Decoration

# I 認識鮮奶油

　　常用來製作糕點與西餐醬汁、點心裝飾的鮮奶油，是生乳、牛乳所含的乳脂肪濃縮而成的液態油脂。鮮奶油一般分成兩種：顏色較白的植物性鮮奶油，以及顏色微黃偏白的動物性鮮奶油，在烘焙材料行、超市都能買到。對於烘焙新手來說，是否常弄不清楚這兩種鮮奶油的差別呢？

## 🍸 植物性鮮奶油

　　植物性鮮奶油是以植物性脂肪為主要原料，並且添加鮮奶油安定劑和乳化劑。因為原料中已經加了糖，甜度較動物性鮮奶油高，所以打發狀態安定性較佳、不易分離、外觀維持度較好，很適合用在裝飾蛋糕，像是擠花、塗抹蛋糕體表面。最大的缺點是乳香味較淡，風味不濃郁，所以專業師傅會與動物性鮮奶油混合使用，來調整風味及保持形狀美觀。在保存上，植物性鮮奶油保存期較長。沒用完的打發鮮奶油，也可以放入密閉容器中冷藏保存，大約可保存 3 天，不過記得隔天要取出重新打發，以免鮮奶油變軟。

## 🍸 動物性鮮奶油

　　動物性鮮奶油是生乳在提煉奶油的過程中產生的，在經過第一階段的過程後，由浮在表面的脂肪製成。它的優點是自然香醇的風味。由於是生乳製成，反式脂肪極少，有的廠牌毫無添加。鮮奶油中的乳脂肪高低會影響口感，目前市售常見的乳脂肪 35 ～ 40％的適合打發，18 ～ 30％的適合搭配咖啡。乳脂肪越高香味越濃厚，打發所需的時間較短。然而相較於植物性鮮奶油，它比較容易腐壞變質，保存期限短，絕對避免冷凍，以免冷凍後再解凍時呈油水分離狀況，所以打發後要盡快用完，不要保存。此外，動物性鮮奶油打發後安定性較差，容易分離。因此，多用來製作醬汁，例如鮮奶油香緹、鮮奶油卡士達等，以及西餐醬汁。

▲動物性與植物性鮮奶油各有優缺點，只要依用途選用，即可發揮產品的最佳效果。

# Ⅱ 操作時注意事項

　　無論是打發植物性或動物性鮮奶油，想要成功打發鮮奶油，操作時的環境、器具和食材，都要維持「低溫」操作，新手們要謹記喔！

## 🍸 控制環境溫度

　　打發鮮奶油是否能達到口感細緻、濃滑、狀態穩定，「溫度」是一大關鍵。建議最佳的室內環境大約為 20℃。尤其在高溫的夏天，建議在冷氣空調的室內操作。

## 🍸 鮮奶油、工具等要先冰冷

　　在準備打發之前，必須先將鮮奶油，以及手拿攪拌棒（打蛋器）、電動攪拌器的攪拌頭、盆子等放入冰箱冷藏預先冰涼，大約 20 ～ 30 分鐘，操作前再取出。不論是手動或電動操作，盡量在整個操作過程中，維持器具的冰涼。

## 🍸 使用前搖勻

　　從冰箱取出盒裝、罐裝鮮奶油後，不要急著馬上倒出來，一定要先搖均勻再使用。此外，用多少倒出多少，剩下的要立刻放回冰箱，不要放在工作枱上。

## 🍸 墊冰水或冰塊水操作

　　打發時，可以在盆子底下再墊一盆約 5℃的冰水或冰塊水，將有助於成功打發。

## 🍸 選擇適當的盆子

　　不要用太小的容器操作，以免打入鮮奶油中的空氣不夠。若以 200 毫升的鮮奶油為例，建議使用直徑 22 公分～ 30 公分的盆子。

▲墊冰塊水維持低溫操作，更容易成功。

▲可以多準備幾種尺寸的盆子，依材料量和用途選用。

## 學會基本技巧！

# 打發鮮奶油

〈材料〉
植物性鮮奶油適量

由於以裝飾為目的，以下介紹的打發狀態和材料，是以植物性鮮奶油為範例。因植物性鮮奶油中已含有糖，所以材料中並未再加入糖。

〈步驟〉

**開始攪打**

**確認打發狀態**

**適合擠花**

**適合夾層和塗抹**

① 將鮮奶油放入盆中，盆子底部再墊一盆冰水。先以高速開始攪打（可縮短時間），打到三～四分發後改成中速攪打到最後。（可避免有氣泡，不光滑狀態，或容易過頭）。

② 繼續攪打至八分發。即以攪拌器舀起鮮奶油後倒立著，鮮奶油會呈現緩慢下垂狀，或以刮刀舀起鮮奶油會形成向下的尖角。此時的鮮奶油適合用來擠花（這時候可加入色素調色）。

③ 繼續攪打至九分發。即以攪拌器或刮刀舀起鮮奶油，鮮奶油會附著在攪拌器或刮刀上，會呈現明顯的尖角狀，而且盆子內的鮮奶油也會留下明顯的紋路。此時的鮮奶油適合用來夾層蛋糕內餡和塗抹蛋糕體表面。

---

小叮嚀 │ Tips │

1. 鋼盆要非常乾淨，不能沾到油或水。如果沾到油或水會影響打發和縮短保存時間，所以特別注意。

2. 打至九分發的鮮奶油較挺，如果沒有冰鎮好，加上手的熱度，很容易使鮮奶油不光滑，並且呈現分離狀態，所以不適合擠花，可用在夾層蛋糕內餡和塗抹蛋糕體表面。

3. 鮮奶油過度打發（十分發）就會失去光澤，變成花花鬆鬆的，如果想

要恢復原狀，可以加入適量五～六分發的鮮奶油，再用攪拌器攪拌混合，繼續重複攪打，直到變成需要的硬度為止。

4. 鮮奶油擠花時，因為壓力和手溫的緣故，變得比打發時來得硬，特別是以平口花嘴、小形菊花花嘴（五齒）擠鮮奶油時，若以九分發鮮奶油來擠，成品會花花的，這時改以七分發的鮮奶油操作，便能獲得極佳的效果。

▶ 七分發鮮奶油，即以攪拌器舀起，勾狀尖端和盆中拉起的勾狀尖端會下垂，鮮奶油無法成型。

# 使用擠花袋

〈材料〉
八分發打發鮮奶油適量
（做法參照 p.25）

將打發鮮奶油填入裝上花嘴的擠花袋之後，就可以開始擠花囉！為了避免鮮奶油的狀態惡化，只要填入需要的份量即可。而且擠花功力尚未熟練前，建議先填入六分滿就好。以下裝填奶油的方式，新手們要好好練習喔！

〈步驟〉

## 組裝花嘴和擠花袋

用食指塞入

**1** 把擠花袋翻開到一半的位置，放入花嘴，花嘴上方的擠花袋扭緊，然後把扭緊的部分塞進花嘴前端。

## 填入鮮奶油

**2** 把擠花袋套在量杯或杯子上架住，倒入鮮奶油，就可以用兩手操作，非常方便。

**3** 用刮板將鮮奶油往花嘴的方向推，把空氣推出，以免擠花袋中摻雜空氣，擠花時會中途斷掉。

**4** 把擠花袋的上部袋口扭緊，即可開始擠花囉！不過要注意，最好先擠一些到鋼盆裡，把前端的空氣排掉之後，再開始擠花比較保險。

---

小叮嚀 │ Tips │

1. 準備擠花時，一手將擠花袋上方扭緊，另一手握住擠花袋下端（花嘴稍微上方一點處），讓擠花袋保持緊繃的狀態擠花。

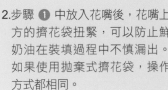

▶不要過度用力，輕輕握穩即可。

2. 步驟 **1** 中放入花嘴後，花嘴上方的擠花袋扭緊，可以防止鮮奶油在裝填過程中不慎漏出。如果使用拋棄式擠花袋，操作方式都相同。

▶拋棄式擠花袋的操作方式都相同，一樣要塞入。

## 學會裝飾技巧！

利用不同的花嘴，可以將糕點裝飾得更美麗、精緻。市面上的花嘴形狀、尺寸和材質五花八門，總讓人看得眼花撩亂，尤其新手更不知道該選擇哪一種比較好。建議新手們可以先選其中幾個比較簡單圖案的花嘴練習，等基本圖案熟悉之後，可練習以相同花嘴變化不同圖形。以下要介紹幾個簡單的花嘴：圓形平口花嘴、菊花花嘴、菊花多齒花嘴和玫瑰花嘴的基本擠花技巧，以及延伸的變化款圖案，以及蛋糕抹面。

# {圓形平口花嘴}

〈器具和材料〉

口徑 12mm 圓形平口花嘴、擠花袋、八分發打發鮮奶油適量
（做法參照 p.25）

圓球形

〈步驟〉

開始

① 打發鮮奶油裝入擠花袋中，擠花袋垂直握好。

② 花嘴靠近桌面，一氣呵成擠出想要的大小之後，放鬆力道，參照圖片的動作快速收尾。過程中若稍微停下來，就會產生紋路，要小心！

完成

④ 大功告成囉！

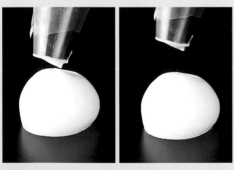

③ 收尾時動作要輕，若以垂直向上動作快速結束，若太用力提起，會產生尖尖的紋路，而形成圓錐狀。

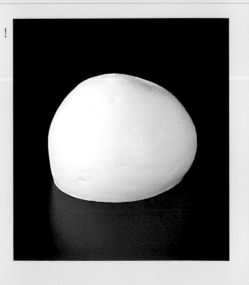

〈器具和材料〉

口徑 12mm 圓形平口花嘴、擠花袋、八分發打發鮮奶油適量（做法參照 p.25）

水滴形

愛心形

〈步驟〉

**開始**

**1** 把打發鮮奶油裝入擠花袋中。將花嘴傾斜，與桌面約呈 45 度角。

**2** 一氣呵成先擠出所需大小的球狀。

**3** 花嘴往右邊輕輕拉動，拉出有稍微尖尖尾巴的水滴形狀，收尾的時候動作要輕，不可太用力。

**完成**

**4** 大功告成囉！

〈步驟〉

**開始**

**1** 打發鮮奶油裝入擠花袋中。將花嘴傾斜，靠近桌面約 45 度角的位置擠出。

**2** 從左邊開始擠出，再往右的順序擠出，左邊的收尾做短一點，利用右邊的收尾來調整形狀。

**3** 花嘴朝右往旁邊輕輕拉動，拉出有稍微尖尖尾巴的水滴形狀。

**完成**

右邊要拉長一點

**4** 注意！右邊的水滴收尾要拉長一點，成品才會像愛心。

# {八齒菊花花嘴}

〈器具和材料〉
八齒菊花花嘴、擠花袋、八分發打
發鮮奶油適量（做法參照 p.25）

星星形

貝殼形

〈步驟〉

**開始**

① 把打發鮮奶油裝入擠花袋中。將花嘴靠近桌面，與桌面垂直。

〈步驟〉

**開始**

① 把打發鮮奶油裝入擠花袋中。將花嘴靠近桌面，稍微傾斜一點。

② 接著往自己的方向，一氣呵成先擠出所需大小。

② 接著一氣呵成先擠出星星形狀。

③ 收尾時放掉力氣，直接往上提，使頂端形成尖尖的形狀。

③ 花嘴往右邊輕輕拉動，拉出有稍微尖尖尾巴的水滴形狀，收尾的時候動作要輕（施力由大到小）。

④ **小重點**：收尾慢慢放掉力氣。

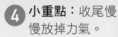

**完成**

**完成**

④ 大功告成囉！

⑤ 大功告成囉！

29

〈器具和材料〉

八齒菊花花嘴、擠花袋、八分發打發鮮奶油適量（做法參照 p.25）

漩渦形

〈步驟〉

開始

① 打發鮮奶油裝入擠花袋中。將花嘴靠近桌面位置，與桌面垂直握好。

② 從中心點開始擠出，以打圓圈的方式。

③ 邊繞圈邊擠出，擠出想要的大小（の的形狀）。

④ 最後放輕力氣，至中心點後收尾的部分傾斜拉起，不要立成尖角形狀。

完成

⑤ 大功告成囉！

30

## 🍰 學會裝飾技巧!

# 蛋糕抹面

〈材料〉

分蛋海綿蛋糕體(做法參照 p.33)、九分發打發鮮奶油適量(做法參照 p.25)

〈步驟〉

### 修整蛋糕體,放在轉枱上

**1** 蛋糕表面、側面都已經修平整,使蛋糕高低相同,以免影響塗抹的成果。

**2** 將修整好的蛋糕放在轉枱上。

### 開始抹蛋糕體表面

**3** 將剛打好的九分發鮮奶油挖一些在蛋糕體表面中間,先以抹刀稍微抹開。

**4** 一手拿抹刀以順時鐘方向抹平,抹的同時,另一手一邊扶著轉枱,以逆時鐘方向轉動。

### 塗抹側面

**5** 用抹刀沾取鮮奶油,塗抹在蛋糕體側面,此時另一手不用轉動轉枱。

**6** 一手將抹刀垂直拿,平貼在鮮奶油上,以「前後前後」的方向抹開,另一手扶著轉枱,以反方向轉動。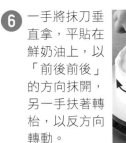

**7** 用抹刀將多餘的鮮奶油刮除,直到側面平整。

**8** 蛋糕體表面會堆起多餘的鮮奶油。

### 抹好整個蛋糕體

**9** 使用抹刀,從前面將多餘的鮮奶油刮除,直到完全平整。

**10** 圖中是以鮮奶油整個塗抹完成的蛋糕體。

### 移動蛋糕體

**11** 一手扶著轉枱,一手以抹刀謹慎的插入蛋糕體的底部,從中央插入。

**12** 一手稍微抬起蛋糕體底部,另一手以抹刀將蛋糕體小心的移動到蛋糕盤上面。

鬆軟的蛋糕搭配豐富鮮奶油與新鮮草莓，你想先吃蛋糕，還是草莓？

# 繽粉鮮奶油蛋糕
## Strawberry Shortcake

**份量：**8 吋 1 個
**保存：**放入密封盒中，冷藏保存 3 天。

〈材料〉

蛋黃 85 克、細砂糖（A）20 克、鹽 1 克、牛奶 75 毫升、沙拉油 55 克、低筋麵粉 125 克、泡打粉 1 克、香草精 1 滴、蛋白 155 克、砂糖（B）70 克

〈裝飾〉

植物性鮮奶油 500 毫升、糖水（冷開水和砂糖 1：1）、草莓小的 30 顆、藍莓適量、防潮糖粉適量

〈步驟〉

**製作蛋黃麵糊**

❶ 蛋黃、砂糖（A）、鹽倒入盆中，攪拌至乳白色。

❷ 沙拉油和牛奶攪拌，倒入步驟 ❶ 中拌均勻。

❸ 低筋麵粉加入泡打粉混合，篩入步驟 ❷ 中拌勻。

❹ 加入香草精拌勻。

**製作蛋白霜**

❺ 將蛋白倒入無油、無水分，徹底乾淨的盆中，先以低速攪打至變成粗粒泡沫。

❻ 分次加入細砂糖打發，先打至濕性發泡，再攪打至乾性發泡，即以攪拌器拉起，攪拌器上的蛋白霜尾端尖挺。

**乾性發泡**

## 完成麵糊

⑦ 取部分蛋白霜加入蛋黃麵糊中。

邊翻拌麵糊，邊轉動盆子。

⑧ 用刮刀一邊翻拌一邊轉動，慢慢拌勻，再加入剩下的蛋白霜拌勻。

## 麵糊入模烘烤

⑨ 將麵糊倒入活動式模型中。

⑩ 用兩手抓好模型邊緣，往桌面輕敲，讓麵糊中無空氣。放入預熱好的烤箱，以上火 180℃、下火 160℃ 烘烤約 40 ～ 50 分鐘。

## 脫膜冷卻

刀子插入蛋糕邊緣

⑪ 以脫膜刀將蛋糕邊緣和模型輕輕畫一圈。

⑫ 橫向將蛋糕底部和模型分開。

⑬ 蛋糕放在架上冷卻。

**蛋糕橫剖三層**　　**刷糖水、夾餡**

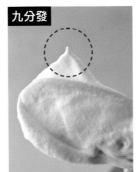

**九分發**

⑭ 在蛋糕邊緣放兩支長條扁平板（2.2 ～ 2.5 公分厚），以刀橫向將蛋糕剖片。

⑮ 將第一層蛋糕放在轉枱上，在表面先刷上糖水。

⑯ 參照 p.25 將鮮奶油打至九分發，取一些鮮奶油放入蛋糕中間。

⑰ 接下來參照 p.31 的步驟 ❸ ～ ❹，將蛋糕體表面抹好鮮奶油。

⑱ 排入切片草莓，再舀入一些鮮奶油抹平，平均一層夾入鮮奶油 80 克、小草莓片 8 ～ 10 顆。

⑲ 蓋上第二層蛋糕。

20 抹上一層鮮奶油，再排入切片草莓，抹好鮮奶油。

21 蓋上第三層蛋糕。

22 用手稍微壓一下蛋糕片。

## 塗抹表面和側面

以食材專用剪刀修剪

23 將蛋糕表面、側面修平整。

24 參照 p.31 的步驟 3 ～ 10 抹好蛋糕的表面和側面。

**25** 一手扶著轉枱，一手以
抹刀謹慎的插入蛋糕體
的底部，從中央插入。

**27** 蛋糕盤移回轉盤上，使用八分發的鮮奶油，參照 p.30
以八齒菊花花嘴，擠出一圈漩渦狀鮮奶油。

**26** 一手稍微抬起蛋糕體底
部，另一手以抹刀將蛋
糕體小心的移動到蛋糕
盤上面。

**28** 撒上薄薄一層防潮
糖粉。

**29** 先排上整
顆草莓。

**30** 加上藍莓，大功
告成囉！

小叮嚀 ｜ Tips ｜

1.在表面擠鮮奶油裝飾時，可
　以先擠在3、6、9、12點鐘
　方向，然後在3到12之間擠
　2～3個圖案，其他則以相
　同的做法擠出圖案。

2.蛋糕夾層中的草莓片，要從
　外層開始排列。

3.因蛋糕表面會有鮮奶油線條
　和孔洞，可以撒上糖粉，使
　表面平滑美觀。

鮮
奶
油
裝
飾

糕
點
範
例

可|可|風|味|蛋|糕|抹|上|鮮|奶|油|，|再|加|上|巧|克|力|醬|，|令|人|無|法|抗|拒|！

# 皇家巧克力蛋糕
## Royal Chocolate Cake

**份量：** 6 吋 1 個

**保存：** 放入密封盒中，冷藏保存 3 天。

〈材料〉

蛋黃 75 克、砂糖（A）41 克、鹽 0.3 克、沙拉油 40 毫升、水 75 毫升、可可粉 17 克、小蘇打粉 1 克、低筋麵粉 83 克、蛋白 83 克、檸檬汁 1 毫升、砂糖（B）67 克

〈裝飾〉

黑櫻桃 40 克、植物性鮮奶油 500 毫升、糖水（冷開水和砂糖 1：1）、市售巧克力淋醬 10 克、市售芭瑞脆片適量（可不加）、裝飾巧克力片和巧克力豆各適量

〈步驟〉

**製作可可麵糊**

❶ 蛋黃、砂糖（A）、鹽倒入盆中，攪拌至乳白色。

❷ 沙拉油和水混合均勻。

❸ 可可粉和小蘇打粉混合。

❹ 將沙拉油水倒入步驟 ❸ 中拌勻，隔熱水加溫至 50℃。

❺ 將步驟 ❹ 加入蛋黃糊中拌勻。

❻ 篩入低筋麵粉拌勻成可可麵糊。

## 製作蛋白霜

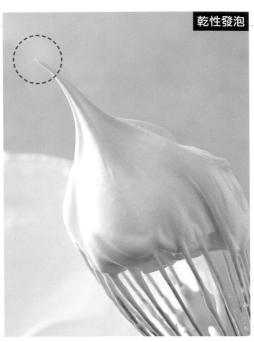

**7** 將蛋白倒入無油、無水分，徹底乾淨的盆中，先以低速攪打至變成粗粒泡沫。

**8** 分次加入砂糖（B）、檸檬汁打發，先打至濕性發泡，再攪打至乾性發泡，即以攪拌器拉起，攪拌器上的蛋白霜尾端尖挺。

## 完成麵糊

**9** 取部分蛋白霜加入可可麵糊中。

**10** 用刮刀一邊翻拌一邊轉動慢慢拌勻，再加入剩下的蛋白霜拌勻。

## 麵糊入模烘烤

**11** 裁好一張符合模型底部的圓烘焙紙。

**12** 將麵糊倒入模型中。

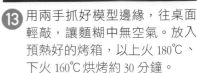

**13** 用兩手抓好模型邊緣，往桌面輕敲，讓麵糊中無空氣。放入預熱好的烤箱，以上火 180℃、下火 160℃ 烘烤約 30 分鐘。

**脫膜冷卻**

**14** 以脫膜刀將蛋糕邊緣和模型輕輕畫一圈。

**15** 倒出蛋糕，撕開底部的烘焙紙。

**16** 蛋糕放在冷卻架上冷卻。

**蛋糕橫剖三層**　　　**刷糖水、夾餡**

**17** 以刀橫向將蛋糕剖成三片（每片 2.2 ～ 2.5 公分厚）。

**18** 將第一層蛋糕放在轉枱上，在表面先刷上糖水。

**19** 參照 p.25 將鮮奶油打至九分發，取一些鮮奶油放入蛋糕中間。

**20** 接下來參照 p.31 的步驟 **3** ～ **4**，將蛋糕體表面抹好鮮奶油。

**21** 黑櫻桃對切後切碎。

**22** 排入切碎黑櫻桃，再舀入一些鮮奶油抹平，平均一層夾入鮮奶油 80 克、櫻桃 50 克。

**23** 蓋上第二層蛋糕，刷些糖水。

**24** 抹上一層鮮奶油，再排入切碎黑櫻桃，抹鮮奶油。

㉕ 蓋上第三層蛋糕，並用手稍微壓一下蛋糕片。

㉖ 蛋糕側面以抹刀抹平，放入冷凍30分鐘。

## 塗抹表面和側面

修剪成上方蛋糕的直徑較下方小。

㉗ 取出冰硬的蛋糕，將蛋糕周圍慢慢剪成半圓形。

㉘ 參照 p.31 的步驟 ❸ ～ ❿ ，大致抹好蛋糕的表面和側面。

## 描繪小波浪漩渦線條

使用軟刮板才能修出彎度。

㉙ 用刮板將鮮奶油抹平，更漂亮。

㉛ 接著畫第二圈，一直畫到七層漩渦線條。

㉚ 參照 p.120～121，將巧克力淋醬（甘那許）裝入三角紙袋中，袋口剪一個小洞。一手轉動轉枱，另一手將巧克力淋醬畫蛋糕周圍一圈小波浪漩渦。

**以抹刀畫出漸層**

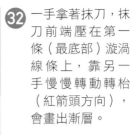

32.一手拿著抹刀,抹刀前端壓在第一條(最底部)漩渦線條上,靠另一手慢慢轉動轉枱(紅箭頭方向),會畫出漸層。

鮮奶油裝飾 糕點範例

33. 繼續轉動轉枱,以抹刀畫出漸層,直到最頂層。中間可以大小力道搭配,便能畫出深淺的漸層。

34. 在蛋糕邊緣沾上適量芭瑞脆片。

35. 把蛋糕移到蛋糕盤上,大功告成囉!

小叮嚀 | Tips |

1. 在步驟 26 中蛋糕一定要冰硬,之後才能修整成半圓形。

2. 最後蛋糕沾芭瑞脆片時,一手拿著蛋糕轉動,另一手沾脆片,這個動作要特別小心,以免蛋糕掉落。

# 草莓杯子蛋糕
## Strawberry Cupcakes

**份量：**紙杯 5 杯

**保存：**放入密封盒中，冷藏保存 3 天。

〈材料〉

全蛋 75 克、香草精 1 滴、鹽 0.5 克、砂糖 30 克、低筋麵粉 32 克、鮮奶 10 毫升、無鹽奶油 20 克

〈裝飾〉

植物性鮮奶油 200 毫升、草莓 5 顆、銀珠和小愛心糖片適量

〈步驟〉

**製作麵糊**

  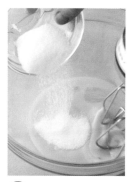

❶ 將全蛋、香草精和鹽加入盆中拌勻。 ❷ 加入砂糖拌勻。

❸ 以攪拌器打發至乳白色，並且以攪拌器舀起，可以畫線條而不會消失。

盆中麵糊線條不會消失

❹ 篩入低筋麵粉，以刮刀輕輕翻拌至混合。

⑤ 將鮮奶倒入奶油中拌勻，然後隔熱水加溫至 50℃。

⑥ 將步驟 ⑤ 倒入麵粉糊中，拌勻成麵糊。

## 麵糊入杯、烘烤

⑦ 將麵糊舀入杯子，至約八分滿。

⑧ 將杯子往桌面輕敲，讓麵糊中無空氣，放入預熱好的烤箱，以上火 180℃、下火 160℃ 烘烤 18 ～ 20 分鐘。

## 抹鮮奶油

表面抹好的鮮奶油有點弧度。

⑨ 取出烤好的蛋糕放涼。參照 p.25 將鮮奶油打至八分發。

⑩ 取一些鮮奶油放入蛋糕中間，抹勻且稍微有點弧度。

**裝飾 1**

⑪ 參照 p.30 以中型八齒菊花花嘴，等距離擠出 5 個漩渦狀鮮奶油。

⑫ 在正中間的鮮奶油上，放 1 顆草莓點綴。

**裝飾 2**

⑬ 等距離先擠出 4 個漩渦狀鮮奶油，再於其上中間，擠第 5 個。

⑭ 隨意放銀珠和小愛心糖片點綴，大功告成囉！

小叮嚀｜Tips｜

擠漩渦狀鮮奶油裝飾時，先做好最中心的記號點再擠，裝飾圖案才不會歪掉，影響美觀。

繽紛亮麗的顏色、抹茶風味甜度適中的鮮奶油，是聖誕節的最佳甜點。

# 聖誕樹杯子蛋糕
## Christmas Tree Cupcakes

**份量：**紙杯 5 杯

**保存：**放入密封盒中，冷藏保存 3 天。

〈材料〉

全蛋 75 克、香草精 1 滴、鹽 0.5 克、砂糖 30 克、低筋麵粉 28 克、抹茶粉 5 克、熱水 10 毫升、無鹽奶油 20 克

〈裝飾〉

植物性鮮奶油 250 毫升、抹茶粉 10 克、熱水 30 毫升、銀珠和小愛心、小星星糖片適量

〈步驟〉

**製作抹茶麵糊**

❶ 將全蛋、
香草精和
鹽加入盆
中拌勻。

❸ 以攪拌器打發至乳
白色，並且以攪拌
器舀起，可以畫線
條而不會消失。

❷ 加入砂糖拌勻。

❹ 篩入低筋麵粉，以刮
刀輕輕翻拌至混合。

❺ 將熱水倒入抹茶粉中拌
勻。

❻ 奶油隔熱水融化。

**7** 將融化奶油倒入抹茶水中，拌勻成抹茶奶油。

**8** 先取一些抹茶奶油倒入步驟 **4** 中拌勻。

**9** 倒入剩下的抹茶奶油，用刮刀，以輕輕翻拌的方式混合成抹茶麵糊。

**麵糊入杯、烘烤**

**10** 倒入抹茶麵糊至約八分滿。

**11** 將模型往桌面輕敲，讓麵糊中無空氣，放入預熱好的烤箱，以上火 180 ℃、下火 160℃烘烤 18 ～ 20 分鐘。

**製作抹茶鮮奶油**

**12** 將熱水倒入抹茶粉中拌勻。

**13** 參照 p.25 將鮮奶油打至九分發。

**14** 將抹茶水加入打發鮮奶油中,以刮刀拌勻成抹茶鮮奶油。

**15** 將抹茶鮮奶油裝入擠花袋中,以小型五齒菊花花嘴先擠中間。

**16** 接著一手轉動杯子,另一手繞著剛才中間擠的鮮奶油,邊擠外圈邊往上繞,使成聖誕樹造型。

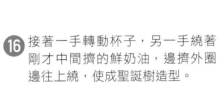

**17** 隨意放銀珠和小愛心、小星星糖片點綴,大功告成囉!

小叮嚀 | Tips |

1. 不管是製作抹茶麵糊或抹茶鮮奶油,攪拌抹茶粉和水時一定要拌勻,不然抹茶麵糊或抹茶鮮奶油都會出現顆粒。

2. 建議在擠聖誕樹裝飾時,將馬芬杯放在轉枱上,一手拿好擠花袋從中心開始擠,另一手按住轉枱,配合擠的速度轉動。

# Cream Chantilly Decoration

## 香緹
## 鮮奶油
## 裝飾

Cream Chantilly Decoration

上圖為草莓香緹，做法參照p.70～71。

# I 認識香緹鮮奶油

　　香緹鮮奶油（英文 Cream Chantilly，法文 Crème Chantilly），是指加了糖的打發鮮奶油。很多甜點都有它做陪襯，利用它讓甜點達到口感及風味上的平衡。香緹鮮奶油和打發鮮奶油差不多，含有 30％ 以上的乳脂肪，通常會再加入砂糖、果泥、巧克力等等操作。

　　香緹鮮奶油最簡單且基本的配方，是在動物性鮮奶油中加入鮮奶油份量的 8％～10％ 的砂糖或糖粉（大約鮮奶油 10：糖 1），視用途打至七、八分發即可。而應用在法式甜點時，為了增添穩定性和口感，常會加入馬斯卡彭乳酪（Mascarpone）一起打發，所以又叫作法國人的植物性鮮奶油。

　　香緹鮮奶油用在法式糕點中的地方很多，像是常吃的泡芙餡、大家喜歡吃的慕斯、巧克力甘那許的底醬，或者透過擠花裝飾糕點、當作甜點餡料，總之在很多甜點中都能見到香緹鮮奶油。此外，在這個單元中，除了最基本的配方，我要介紹給大家近年來很受歡迎的另一種簡單變化款香緹鮮奶油：**將果泥等加入鮮奶油，冷藏一晚後再打發的做法**。成品風味更佳、口感更滑順且質感輕盈，最重要的是不膩口，讓你不再把鮮奶油刮掉，可以好好品嘗。

▲加入草莓、藍莓等果泥時，果泥的溫度不可超過30℃。

▲變化款的香緹鮮奶油經過一晚冷藏、熟成後再打發，口感更綿密、風味更融合。

# II 操作時注意事項

不管是製作基本的香緹鮮奶油，還是放置一晚後再打發的變化款，在操作前和過程中，以下幾個注意事項都必須遵守，才能製作好吃且外觀品相佳的香緹鮮奶油。

## 🥄 鮮奶油、工具等要先冰冷

在準備打發之前，必須先將鮮奶油，以及手拿攪拌棒（打蛋器）、電動攪拌器的攪拌頭、盆子等放入冰箱冷藏預先冰涼，大約 20 ～ 30 分鐘，操作前再取出。不論是手動或電動操作，盡量在整個操作過程中，維持器具的冰涼。

## 🥄 控制環境溫度

完成的香緹鮮奶油是否能達到口感細緻、濃滑、狀態穩定，「溫度」是一大關鍵。建議最佳的室內環境大約是 18℃。尤其在高溫的夏天，建議在冷氣空調的室內操作。而操作時，盆子底下墊一盆冰塊水，也能有效維持過程中的溫度。

▲底下墊一盆比容器大碗的冰塊水，可使打發更順利。

## 🥄 高速打發

鮮奶油打發時，因為所含的脂肪球彼此快速碰撞結合，進而產生氣泡，使得體積膨脹，因此製作香緹鮮奶油，記得要用高速迅速攪打，務必讓產生的氣泡和鮮奶油大小一致，以免消泡。

一般香緹鮮奶油的做法是在動物性鮮奶油（主材料）中，加入主材料份量的 8% ～ 10% 的砂糖或糖粉。台灣因為環境比較潮濕，砂糖易結顆粒，所以許多人會使用更細緻的糖粉操作。

▲以高速攪打是成功的關鍵。

## 🥄 果泥加入時的溫度

製作變化款香緹鮮奶油時，因香緹鮮奶油容易融化，操作時要注意「果泥加入鮮奶油時，果泥的溫度不要超過 30℃」，並且要「高速攪打」，否則果泥的氣泡和鮮奶油的大小差異太多，會容易消泡。而果泥不需加熱至高溫，以免本身顏色變暗沉，影響到完成的香緹鮮奶油外觀。

▲圖中為顏色漂亮的藍莓香緹鮮奶油。

# 製作香緹鮮奶油

〈材料〉

動物性鮮奶油 500 毫升、糖粉 40 克

〈步驟〉

打發鮮奶油除了必須控制環境和器具溫度、鮮奶油脂肪含量等因素，還得留意打發過程，因為打發程度的變化，有時一個不小心就過頭失敗了。香緹鮮奶油成品成功與否除了從外觀（膨脹）來看，另一個判斷重點是在擠花裝飾時，可以保持優美流暢的弧度，擠好的花樣邊緣不會出現小鋸齒或裂開。以下範例是以基本配方的香緹鮮奶油為例，材料中只有鮮奶油和糖粉。

**開始攪打**

❶ 將鮮奶油、糖粉放入盆中，盆子底部再墊一盆冰水。以高速開始攪打（可縮短時間），打到三～四分發後改成中速攪打到最後（可避免有氣泡，不光滑狀態，或容易過頭）。

**確認打發狀態**

❷ 繼續攪打至七分發。即以攪拌器舀起鮮奶油後倒立著，鮮奶油會呈現緩慢下垂狀，或以刮刀舀起鮮奶油會形成向下的尖角。此時的香緹鮮奶油適合用來擠花。

❸ 再次以刮刀將噴附在盆子內壁的鮮奶油刮下。

❹ 繼續攪打至八分發。即以攪拌器或刮刀舀起鮮奶油，鮮奶油會附著在攪拌器或刮刀上，會呈現明顯的尖角狀，而且盆子內的鮮奶油也會留下明顯的紋路。此時的香緹鮮奶油適合用來夾層蛋糕內餡和塗抹蛋糕體表面。

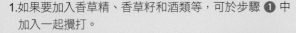

小叮嚀 │ Tips │

1. 如果要加入香草精、香草籽和酒類等，可於步驟 ❶ 中加入一起攪打。

2. 若想要加入果醬、巧克力醬、色膏，例如擠花用途，則在步驟 ❷ 打至七分發後加入拌勻。但若是抹蛋糕用途，則在步驟 ❹ 打至八分發後加入拌勻即可。

▶擠花用的香緹鮮奶油只要打至七分發即可。

3. 擠花用的香緹鮮奶油完成後，除非是在18℃低溫的環境下操作，否則建議你將打好的香緹鮮奶油立刻放入冰箱冷藏一下，讓它穩定，然後再取出開始擠花。

4. 打至八分發的香緹鮮奶油雖然比較挺，但是如果沒有冰鎮好，加上手的熱度影響，很容易使鮮奶油不光滑，並且呈現分離狀態，用來擠花，成品不漂亮。

▲打好的香緹鮮奶油先放入冰箱冷藏再擠，擠出的紋路更漂亮。

以動物性鮮奶油做成的香緹鮮奶油相當美味，以花嘴擠出各種形狀更添視覺效果，既能品嘗又能欣賞，是糕點的最佳裝飾。以下是利用菊花多齒花嘴和玫瑰花嘴擠出的基本擠花技巧，以及延伸的變化款圖案。

# 香緹鮮奶油擠花

## {菊花多齒花嘴}

〈器具和材料〉
菊花多齒花嘴、擠花袋、基本配方香緹鮮奶油適量（做法參照 p.55）

〈步驟〉

大立體圓形

**開始**

**1** 香緹鮮奶油裝入擠花袋中，再將擠花袋垂直握好，把花嘴靠近桌面。

**2** 從中心點開始擠出，像擠圓圈的方式。

**3** 邊繞圈邊擠出，擠出想要的大小和層次。

**4** 最後放輕力氣，至中心點後收尾的部分傾斜拉起，不要立成尖角形狀。

**完成**

**5** 大功告成囉！

---

連續螺旋形

〈器具和材料〉
菊花多齒花嘴、擠花袋、基本配方香緹鮮奶油適量（做法參照 p.55）

〈步驟〉

**開始**

**1** 香緹鮮奶油裝入擠花袋中，將花嘴傾斜，與桌面約呈 45 度角，施力擠出。

**2** 往右畫圈呈螺旋狀，利用手腕的轉動做出形狀。

**完成**

**6** 大功告成囉！

**3** 旋轉力氣與動作要一致，才不會有大小差異。

**4** 第二個圈會重複疊在第一個圈上一點，重複四圈。

**5** 要注意！手腕（花嘴）後退時稍微加強擠出力道，就能輕鬆調整。

## 學會裝飾技巧！

### {玫瑰花嘴}

波浪形

〈器具和材料〉
玫瑰花嘴、擠花袋、基本配方香緹鮮奶油適量（做法參照 p.55）

〈步驟〉

**開始**

1 香緹鮮奶油裝入擠花袋中，將花嘴開口角度較長的那端朝上，較短那端朝下，握緊擠花袋。

2 將花嘴傾斜，與桌面約呈 45 度角，施力擠出。

3 平行由左往右拉半圓弧狀，停頓一下。

4 接著再重複一次，依序重複四次。

5 要注意！擠出時，間隔距離要一致，整體才會美觀。

**完成**

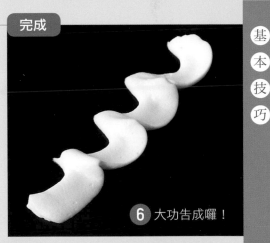

6 大功告成囉！

連續閃電形

〈器具和材料〉
玫瑰花嘴、擠花袋、基本配方香緹鮮奶油適量（做法參照 p.55）

〈步驟〉

**開始**

1 香緹鮮奶油裝入擠花袋中，將花嘴開口角度較長的那端朝下，較短那端朝上，握緊擠花袋。

2 將花嘴傾斜，與桌面約呈 45 度角，施力擠出。

**完成**

5 視需要擠出所需數量。擠出時，間隔距離要一致，整體才會美觀。大功告成囉！

 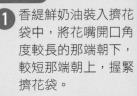

3 花嘴以「往前往後」的方式，擠成閃電的形狀。

4 擠出的力道和速度要保持一致，利用手腕的轉動做出形狀。

濃郁的巧克力香緹搭配酸甜可口的新鮮草莓，層次的風味不膩口。

# 巧克力塔
## Chocolate Tart

**份量：**7 吋 1 個
**保存：**放入密封盒中，冷藏保存 3 天。

〈裝飾和其他〉
巧克力蛋糕 1 片（做法參照 p.39，切成 1.2 公分厚）、草莓 11 顆、棉花糖、糖片各適量

〈材料〉
**塔皮：**杏仁粉 100 克、糖粉 115 克、可可粉 30 克、無鹽奶油 175 克、全蛋 40 克
**巧克力香緹：**動物性鮮奶油（A）160 毫升、葡萄糖漿 35 克、苦甜巧克力 185 克、吉利丁片 4 克、動物性鮮奶油（B）280 毫升
**巧克力甘那許：**苦甜巧克力 100 克、動物性鮮奶油 25 毫升、牛奶 50c.c.、葡萄糖漿 7.5 克、無鹽奶油 15 克、蘭姆酒 7.5 毫升

〈步驟〉

**製作塔皮麵團**

**1** 將杏仁粉倒入盆中，加入糖粉混合。

**2** 加入可可粉混合均勻。

**3** 奶油切片或塊，放入另一盆中，放在室溫下拌軟化。

**4** 將奶油加入步驟 **2** 中。

壓　翻拌
**5** 以刮刀用壓、翻拌的方式拌勻。

**6** 全蛋拌勻，分次加入步驟 **5** 中，以翻拌的方式拌勻成麵團。

**7** 將麵團壓扁以保鮮膜包裹，放入冷藏鬆弛一晚。

**8** 工作枱面上撒少許手粉（高筋麵粉），放上鬆弛好的塔皮麵團，擀成約 0.35 公分厚的塔皮。

**塔皮入模、盲烤**

**9** 以擀麵棍將塔皮移到塔模上方，用手指將塔皮邊緣和塔模捏成密合。

**10** 以刮板將超出（高出）塔模邊緣的塔皮修整掉。

**11** 可以用手指稍微推壓塔皮，再次確認塔皮和塔模已密合。

**12** 以叉子在塔皮上戳幾個小洞，鬆弛 30 分鐘。

**13** 裁好一張比塔模大一點的烘焙紙，放入塔模中，倒入烘焙重石或豆子。放入烤箱以上火 180℃、下火 200℃ 盲烤 30 ～ 40 分鐘。

⑭ 吉利丁片放入冰水泡軟，取出擠乾水分。

⑮ 將鮮奶油（A）倒入鍋中，倒入葡萄糖漿，加熱至 85℃（鍋子邊緣有泡泡）。

⑯ 加入吉利丁片拌勻。

⑰ 苦甜巧克力稍微以微波或隔熱水加熱，但不用完全融化(一些即可)。

⑱ 將熱鮮奶油分次慢慢加入苦甜巧克力中拌勻。

⑲ 倒入均質機的容器中，操作至完全乳化。

⑳ 分次加入鮮奶油（B）混合均勻，完成巧克力香緹，放入冷藏一晚。

香緹鮮奶油裝飾

糕點範例

**製作巧克力甘那許**

㉑ 苦甜巧克力稍微以微波或隔熱水加熱，但不用完全融化。

㉒ 將鮮奶油倒入鍋中，再倒入牛奶、葡萄糖漿，加熱至 85℃（鍋子邊緣有泡泡）。

㉓ 將熱鮮奶油分次慢慢加入苦甜巧克力中拌勻，拌至呈光滑亮面。

㉔ 加入奶油，以均質機乳化。

㉕ 等大約降溫至35℃時，加入蘭姆酒拌勻即可。

**淋入巧克力甘那許**

㉖ 以壓模將巧克力戚風蛋糕修剪成 5 吋，放入塔皮中。

㉗ 慢慢倒入甘那許，放入冷藏或冷凍冰至甘那許變硬。

## 打發巧克力香緹

㉘ 取出冷藏一晚的巧克力香緹,會呈現濃稠狀。

㉙ 將巧克力香緹以高速攪打至濃稠狀態(擠花用途)。

## 組合

㉚ 將香緹舀入裝了口徑 12mm 圓形平口花嘴的擠花袋中。

㉛ 取出冰硬的巧克力塔。參照 p.28,用花嘴擠出水滴狀,圍成圓形,排滿塔的表面。

㉜ 排入草莓,撒上裝飾糖片,大功告成囉!

小叮嚀 | Tips

1. 此處的巧克力香緹是變化款的,香緹完成後放入冷藏一晚,要使用前再取出打發即可。這種香緹口感綿密且細緻,巧克力風味更濃郁。

2. 塔皮盲烤前在表面戳洞、放烘焙重石,可預防塔皮烘烤時膨脹。

經|過|一|晚|熟|成|的|變|化|款|香|緹|，|比|基|本|配|方|香|緹|風|味|更|濃|厚|，
選|用|最|有|人|氣|的|藍|莓|製|作|，|永|遠|吃|不|膩|。

# 藍莓香緹杯子蛋糕
## Blueberry Cream Chantilly Cupcakes

**份量：** 紙杯 10 杯

**保存：** 放入密封盒中，冷藏保存 3 天。

〈裝飾〉

小銀珠適量

〈材料〉

**蛋糕：** 蛋黃 40 公克、砂糖（A）25 克、鹽 1 克、沙拉油 23 毫升、牛奶 38 毫升、低筋麵粉 63 克、泡打粉 2 克、香草精少許、蛋白 90 克、砂糖（B）35 克、冷凍藍莓粒 15 克

**藍莓香緹：** 白巧克力 225 克、動物性鮮奶油 300 毫升、吉利丁片 3.5 克、藍莓果泥 150 克、康圖酒 10 毫升

〈步驟〉

**製作麵糊**

**1** 蛋黃、砂糖（A）、鹽倒入盆中，攪拌至乳白色。

**2** 沙拉油和牛奶攪拌，倒入步驟 **1** 中拌均勻。

**3** 低筋麵粉加入泡打粉混合，篩入步驟 **2** 中拌勻。

**4** 加入香草精拌勻。

**製作蛋白霜**

**5** 將蛋白倒入無油、無水分，徹底乾淨的盆中，先以低速攪打至變成粗粒泡沫。

**6** 分次加入細砂糖（B）打發，先打至濕性發泡，再攪打至乾性發泡，即以攪拌器拉起，攪拌器上的蛋白霜尾端尖挺。

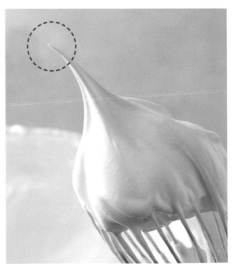

**7** 將打好的蛋白霜分次慢慢加入麵糊中,以翻拌的方式拌勻,然後加入藍莓粒拌勻。

**8** 將麵糊舀入模型,至約八分滿。

**9** 將模型往桌面輕敲,讓麵糊中無空氣,放入預熱好的烤箱,以上下火 180℃烘烤 20 分鐘。

## 製作藍莓香緹、冰一晚

**10** 白巧克力稍微以微波或隔熱水加熱,但不用完全融化(一些即可)。

**11** 將鮮奶油、泡軟擠乾水分的吉利丁片倒入鍋中,加熱至 80℃(鍋子邊緣有泡泡),分次加入白巧克中拌勻。

**12** 倒入均質機的容器中,操作至完全乳化。

**13** 藍莓果泥加熱至 30℃,慢慢倒入步驟 **12** 中,倒入康圖酒,以均質機完全乳化,完成藍莓香緹,放入冷藏一晚。

**打發藍莓香緹**

**14** 取出冷藏一晚的藍莓香緹，會呈現濃稠狀。

**15** 將藍莓香緹以高速攪打至濃稠狀態（擠花用途）。

**組合**

**16** 將香緹舀入裝了小型八齒菊花花嘴的擠花袋中。

**17** 先將杯子蛋糕表面以香緹抹平。

**18** 參照 p.29，先從邊緣開始擠，擠成一個個小星星。

**19** 撒入些許小銀珠，大功告成囉！

---

小叮嚀 | Tips |

1. 製作香緹鮮奶油時，食材加入的順序非常重要。先加入鮮奶油，再倒入果泥，不然會呈現油水分離的狀態。

2. 步驟 **11** 和 **13** 中，加熱鮮奶油和藍莓果泥不可超過規定的溫度，因藍莓果泥酸性強，會影響打發的濃稠度，裝飾擠花時，花樣會不夠挺。

# 閃電泡芙
## Éclair

**份量：**12 條
**保存：**放入密封盒中，冷藏保存 3 天。

〈裝飾〉
開心果碎適量、黑和白巧克力甘那許適量（做法參照 p.119）

〈材料〉
**泡芙皮：**水 203 毫升、無鹽奶油 65 克、沙拉油 57 毫升、中筋麵粉 162 克、鹽 4 克、全蛋 292 克
**巧克力香緹：**鮮奶油（A）90 克、葡萄糖漿 19 克、苦甜巧克力 105 克、吉利丁片 2.5 克、鮮奶油（B）160 克
**草莓香緹：**白巧克力 75 克、鮮奶油 100 毫升、吉利丁片 1 克、草莓果泥 50 毫升

〈步驟〉

**製作泡芙麵糊**

❶ 將水、奶油、沙拉油、鹽倒入鍋中，煮至沸騰。

❷ 離火，篩入中筋麵粉，以打蛋器快速攪拌混合。

❸ 繼續加熱快速攪拌 1 分鐘，拌成一坨，有點光滑、黏稠。

慢慢滴落的狀態

❹ 趁熱分次一點一點加入全蛋液（先打散），拌勻，拌至以打蛋器舀起會慢慢滴落的狀態即可。

⑤ 將泡芙麵糊舀入裝了六齒菊花花嘴的擠花袋中,將麵糊擠在烤盤上,長度約7公分。

⑥ 表面噴一點水,放入預熱好的烤箱,以上火200℃、下火200℃先烘烤約12～15分鐘,等泡芙膨脹,再將上火調成170℃、下火關掉,繼續烘烤約15～20分鐘。

製作巧克力香緹、冰一晚

⑦ 將鮮奶油(A)倒入鍋中,倒入葡萄糖漿,加熱至80℃。

⑧ 加入泡軟擠乾水分的吉利丁片拌勻。

⑨ 苦甜巧克力稍微以微波或隔熱水加熱,但不用完全融化(一半即可)。

⑩ 將熱鮮奶油分次慢慢加入苦甜巧克力中拌勻。

打發巧克力香緹

⑬ 將巧克力香緹以高速攪打至濃稠狀態,灌入一半的泡芙內。

⑪ 倒入均質機的容器中,操作至完全乳化。

⑫ 分次加入鮮奶油(B)混合均勻,完成巧克力香緹,放入冷藏一晚。

製作草莓香緹、冰一晚

⑭ 白巧克力稍微以微波或隔熱水加熱,但不用完全融化(一些即可)。

⑯ 倒入均質機的容器中，操作至完全乳化。

⑮ 將鮮奶油、泡軟擠乾水分的吉利丁片倒入鍋中，加熱至85℃（鍋子邊緣有泡泡），分次加入白巧克中拌勻。

⑰ 草莓果泥加熱至30℃，慢慢倒入步驟⑯中，以均質機完全乳化，完成草莓香緹，放入冷藏一晚。

⑱ 取出冷藏一晚的草莓香緹，再以高速攪打至濃稠狀態，灌入剩下的泡芙內。

⑲ 將泡芙表面沾黑巧克力、白巧克力甘那許，放在冷卻架上等凝固。

⑳ 白色閃電泡芙上表面撒些許開心果碎。

㉑ 黑色閃電泡芙表面，以白巧克力甘那許畫線。大功告成囉！

小叮嚀 │ Tips │

1.泡芙麵糊進入烤箱前，因為表面接觸到空氣會變乾燥，所以要噴些水，以免影響膨脹。

2.烘烤泡芙時，記得前20分鐘不可以打開烤箱門，打開的話麵糊容易消泡而無法膨脹。

# Meringue
# Decoration

蛋白霜
裝飾
Meringue Decoration

# Ⅰ 認識蛋白霜

　　潔白光亮、堅挺的蛋白霜，除了常用於糕點裝飾，它也可以單獨製作成點心，所以用途極廣。對烘焙新手來說，打發蛋白雖然有點難度，但絕非學不會，只要多加練習，簡單的手持電動攪拌器一樣輕鬆搞定。蛋白霜依製作方法，可分成三大類：法式蛋白霜（French Meringue）、義式蛋白霜（Italian Meringue）和瑞士蛋白霜（Swiss Meringue），當中較普遍且常用到的是法式和義式蛋白霜。它們的材料都是蛋白加砂糖，簡單易準備。什麼時候該用哪一種蛋白霜，完全依個人的用途決定。

## 義式蛋白霜

　　操作方式較難的蛋白霜。製作時以蛋白為基本材料，再加入煮好的糖漿（110 ～ 120℃）打發，因為是一氣呵成的動作，對新手一個人來說稍微困難，最好使用桌上型電動攪拌器操作。另外，也因為加入的是糖漿，它的糖度比較高，成品比法式蛋白霜直接加入砂糖打發來得穩定、不易消泡且外形較佳，口感上偏軟，黏度在三種之中最低，風味略微清爽不膩口。再者由於加熱經過殺菌，一般用來製作不須再加熱的糕點，例如慕斯、餡料、馬卡龍。

▲加入110～120℃糖漿攪打而成的義式蛋白霜，不易消泡，成品較穩定。

## 瑞士蛋白霜

　　大家比較少見的瑞士蛋白霜，是以隔水加熱的方式打發。將蛋白、糖放入鍋中，隔水加熱至 40 ～ 50℃，再打發至所需狀態。完成的成品黏度最高、穩定度佳、不易消泡，口感較硬，通常用在點心裝飾，像是 p.81 檸檬塔、馬卡龍。

## 法式蛋白霜

　　新手入門最先學到的，只要準備蛋白和砂糖，一人使用手提式電動攪拌器即可製作（義式蛋白霜加糖漿時通常需要人幫忙）。最常用到的地方，就是戚風蛋糕體和分蛋式海綿蛋糕體，以及馬卡龍、馬琳糖這些必須經過烘焙再食用的甜點了。最大的缺點是蛋白霜容易消泡、狀態較不穩定，口感入口即化。

▲法式蛋白霜六～十分發的狀態（濕性發泡）。　▲法式蛋白霜八～九分發的狀態（乾性發泡）。

# Ⅱ操作時注意事項

打發蛋白是許多烘焙新手容易卡關的地方。在正式攪打前，以下提出一些新手必須先了解的重要原則，以免一開始就犯錯，再拚命打也不會成功。

### 🥚 盆子、打發器具要非常乾淨

用來打發蛋白的容器、攪拌器的鋼絲要擦得非常乾淨，不能沾到一丁點油脂或水分，以免影響打發。建議使用不鏽鋼材質、圓底、深口的盆子。此外，雞蛋在分蛋時也要確認蛋白中沒有沾到蛋黃，否則蛋白不易打發或者失敗。

### 🥚 雞蛋退冰再使用

如果雞蛋放在冰箱，使用前記得先拿出來，放到室溫狀態（退冰）再使用，這樣打發出來的蛋白體積會較大、蓬鬆且容易成功。若有清洗蛋殼，也要擦乾水珠。

◀冰的蛋殼沒擦乾的蛋，其蛋白不容易打發。

### 🥚 分次加入砂糖

通常打發蛋白時，會建議將蛋白打至粗粒泡沫後再分次加入砂糖攪打。分次加入和一次加入最大的差別在於，一次加入所需打發的時間較久，而且完成的蛋白霜體積較小、氣孔較密，不適合製作口感蓬鬆的蛋糕。

◀砂糖分次加入打發的蛋白霜，體積較蓬鬆。

### 🥚 選擇適當的鍋子煮糖漿

如果要製作義式蛋白霜，糖漿能否成功煮好是成功的關鍵。煮糖漿其實不難，只要準備好一個厚底材質（不鏽鋼、鑄鐵、銅）的鍋子，煮糖漿時能讓溫度均勻緩慢升高，相對穩定。而對新手來說，準備一支易閱讀的溫度計，也是煮糖漿不可缺的工具。

◀不管是鑄鐵、銅或不鏽鋼，只要厚度夠都適合煮糖漿。

## 學會基本技巧！

# 打發蛋白

蛋白霜除了可以當作糕點的材料，例如戚風蛋糕、分蛋式海綿蛋糕等，也可以直接做成單一的甜點，像馬卡龍、達克瓦茲等，用途很廣泛，也就是「新手必學」。以下介紹常見的「法式蛋白霜」、「瑞士蛋白霜」和「義式蛋白霜」的基本做法。由於蛋白霜製作比較費時費力，建議大家使用電動攪拌器製作。

## {法式蛋白霜}

〈材料〉

蛋白 100 克、砂糖 35 克

〈步驟〉

### 開始攪打

1 將蛋白倒入無油無水，擦拭乾淨的盆子中，先以中速打至起細粒泡沫，約五分發。

2 分兩次加入砂糖，以高速繼續攪打。

3 攪打至出現圖中的紋路，表示即將到達濕性發泡。

### 確認打發狀態

4 繼續攪打至六～七分發，即以攪拌器舀起，盆子中或攪拌器上的蛋白霜尾端會下垂、如鳥嘴彎曲，此時又叫濕性發泡。

5 再繼續攪打，直到八～九分發，即以攪拌器舀起，盆子中或攪拌器上的蛋白霜尾端會尖挺、有倒三角，此時又叫乾性發泡。

## {瑞士蛋白霜}

〈材料〉

蛋白 100 克、砂糖 90 克、檸檬汁 5 毫升

〈步驟〉

### 開始攪打

1 將蛋白、砂糖倒入無油無水，擦拭乾淨的盆子中混合攪拌。

2 隔熱水加熱，一邊攪拌至砂糖溶解。

3 以中速打至起粗粒泡沫，倒入檸檬汁。

4 以高速攪打，直到八～九分發，即以攪拌器舀起，盆子中或攪拌器上的蛋白霜尾端會尖挺，此時又叫乾性發泡。

乾性發泡

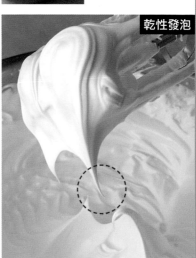

# {義式蛋白霜}

〈材料〉
水 30 毫升、砂糖（A）100 克、蛋白 125 克、砂糖（B）15 克、鹽 1 克、檸檬汁 2 毫升

〈步驟〉

## 煮糖漿

**1** 將水倒入鍋中，接著加入砂糖（A），讓水完全浸濕砂糖。

**2** 以中小火將糖水加熱。

**3** 糖水沸騰後放入溫度計，煮至 112℃。

## 開始攪打

**4** 蛋白、砂糖（B）、鹽、檸檬汁倒入盆子中，先以中速攪打發泡，再以高速攪打至七分發。

**5** 等糖水溫度到達後改中速，把糖漿分次沿著盆子邊緣倒入，倒入糖漿時攪拌器轉成高速攪打。

**6** 持續不間斷以高速保持打發，攪打約 4 ～ 6 分鐘，直到溫度下降至 40℃ 左右為止。最後改成中速攪打（完成的蛋白霜會比較細緻），攪打至蛋白霜表面光亮、尾端尖挺的乾性發泡狀態。

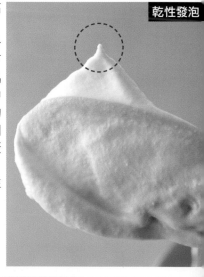

乾性發泡

---

小叮嚀 │ Tips │

1. 打發蛋白時加入檸檬汁，可使完成的蛋白霜狀態穩定，你也可以加塔塔粉，不過比較建議使用檸檬汁，取得方便而且健康。

2. 一旁準備的蛋白先不要急著打發，務必要等到糖漿溫度達到約 105℃，再開始以中速打發蛋白。當糖漿溫度達到 110℃，蛋白霜可以轉成高速，讓蛋白霜達到濕性發泡狀態。操作時要注意，糖漿溫度還沒到 112℃ 前，千萬不要打成硬性發泡，必要時可以先停機等待。

3. 一旦糖漿溫度達到 112℃ 馬上關火，在鍋底墊上冷水降溫，以免餘熱繼續加溫。

# 蛋白霜擠花

蛋白霜除了可以直接烘烤做點心，也很常用來裝飾糕點，是很實用的烘焙技巧。以下要介紹幾個簡單的花嘴：缺口花嘴、扁齒花嘴、平口花嘴的基本擠花技巧，以及延伸的變化款圖案。

## {缺口花嘴}

基本形

**〈器具和材料〉**
缺口花嘴、擠花袋、乾性發泡蛋白霜適量（做法參照 p.76）

**〈步驟〉**

**開始**

**1** 打發蛋白霜裝入擠花袋中。將花嘴的缺口朝上，與桌面約呈 45 度角，稍微傾斜角度擠出。

**2** 先擠出所需大小之後，接著往自己的方向。

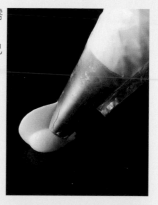

**3** 由於很容易晃動，擠的時候可將花嘴輕輕抵住下方。

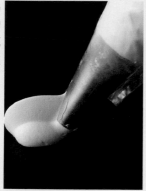

**完成**

**4** 收尾時要將力道完全放掉，以滑動的方式迅速抽開。

**5** 大功告成囉！

〈器具和材料〉

缺口花嘴、擠花袋、乾性發泡蛋白霜適量（做法參照 p.76）

〈步驟〉

開始

V 字形連結

① 打發蛋白霜裝入擠花袋中。將花嘴的缺口朝上，與桌面約呈 45 度角，稍微傾斜角度擠出。

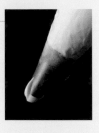

② 先擠左邊，再擠右邊，形成一個 V 字形。

③ 重複步驟 ② 擠好第二個，V 字的開口要維持一致。

④ 開口變大，下一個 V 字就會變得更大，擠的時候會變得困難。

⑤ 按照同樣的方法，連接著擠出數個 V 字形，並且連在一起。

完成

⑥ 最好擠成閉合的感覺。

⑦ 大功告成囉！

〈步驟〉

開始

連續彎曲形

① 蛋白霜裝入擠花袋中。將花嘴的缺口朝上，與桌面約呈 45 度角，稍微傾斜角度擠出。

② 擠出時，穩穩的一邊擠一邊繞 U 形彎。

③ 擠的時候要注意，彎曲幅度不要太大，連續擠出 U 形彎。

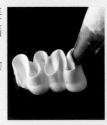

完成

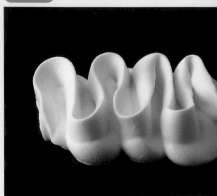

④ 彎曲幅度是由手部移動和花嘴缺口的傾斜方式決定。大功告成囉！

# ｛扁齒花嘴｝

〈器具和材料〉
扁齒花嘴、擠花袋、乾性發泡蛋白霜適量
（做法參照 p.76）

扁直線形

〈步驟〉

## 開始

**1** 蛋白霜裝入擠花袋中。擠花袋握緊，將鋸齒花嘴口朝上，與桌面約呈 45 度角，稍微傾斜角度擠出。

**2** 以穩定的力道和速度，擠出橫寬的蛋白霜。

**3** 收尾時放鬆力道，最好先停頓一拍再擠出。

**4** 在幾乎摩擦到表面的高度時，擠出效果最佳。如果晃動的話，輕輕抵著下方來擠也可以。

## 完成

**5** 大功告成囉！

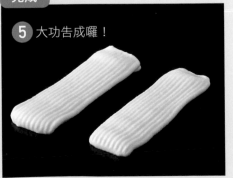

---

花籃形

〈步驟〉

## 開始

**1** 蛋白霜裝入擠花袋中。擠花袋握緊，將鋸齒花嘴口朝上，與桌面約呈 45 度角，稍微傾斜角度擠出。

**2** 參照直線形的擠法，先擠出縱向線條，再以跨越的方式擠出橫向線條。

**3** 在距離花嘴一半寬度的位置，擠出下一道縱線，重複同樣的步驟，做出交叉網目圖案。

## 完成

**4** 縱線的間隔和擠出的力道大小要維持一致，擠出的圖案才會美觀，建議使用轉枱比較容易操作。大功告成囉！

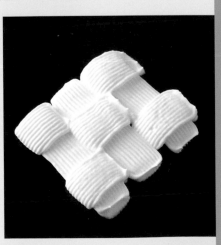

79

# {圓形平口花嘴}

〈器具和材料〉
圓形平口花嘴、擠花袋、乾性發泡
蛋白霜適量（做法參照 p.76）

直線形

〈步驟〉

**開始**

① 蛋白霜裝入擠花袋中。將
擠花袋握緊，花嘴如圖稍
微傾斜，靠近桌面。

② 以穩定的力道
和速度，從左
到右橫向擠出
直線蛋白霜。

③ 收尾時放鬆力
道，最好先停頓
一拍再擠出。

**完成**

④ 在幾乎摩擦到表面的高度時，
擠出效果最佳。大功告成囉！

波浪 S 形

〈步驟〉

**開始**

① 蛋白霜裝入擠
花袋中。擠花
袋握緊，將花
嘴稍微傾斜角
度擠出。

② 花嘴平口面朝上，接近桌面位置，在
幾乎摩擦到表面的高度擠出所需的波
浪寬度。

**完成**

③ 以一定的力道和速
度，一邊擠一邊繞
出波浪形狀。

④ 由於光靠手腕很容
易產生晃動，因此
擠出蛋白霜時最好
上半身跟著移動。

⑤ 可以撒一些開心果碎或
核果碎，烘烤成蛋白餅。
大功告成囉！

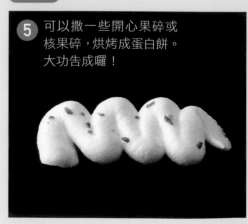

檸檬餡清爽的酸味加上微甜的蛋白霜餅，
是夏日的最佳甜點，搭配咖啡、紅茶都適合。

# 檸檬塔
## Lemon Tart

蛋白霜裝飾　糕點範例

**份量：**3 吋（9cm）模型 5 個
**保存：**放入密封盒中，冷藏保存 3 天。

**〈材料〉**
**塔皮：**無鹽奶油 60 克、糖粉 45 克、全蛋 25 克、低筋麵粉 65 克、杏仁粉 60 克
**檸檬餡：**全蛋 157 克、砂糖 25 克、檸檬汁 83 毫升、吉力丁片 2 克、無鹽奶油 45 克

**〈裝飾〉**
蛋白 100 克、砂糖 90 克、檸檬汁 5 毫升

**〈步驟〉**

| 製作塔皮 |
| --- |

**1** 將奶油、糖粉倒入盆子中，以刮刀拌勻。

**2** 全蛋液打散，先加入一半量，改用攪拌器拌勻。

**3** 篩入低筋麵粉。

**4** 倒入剩下的全蛋液，改用刮刀拌勻成團。

**5** 加入杏仁粉，以刮刀翻拌成團。

## 塔皮鬆弛、整型

6 將麵團放入塑膠袋壓平,放入冷藏鬆弛 3 小時。

7 工作枱面上撒些許手粉(高筋麵粉)。

8 取出麵團放在工作枱面上,也撒上手粉,擀成 0.35 公分厚。

9 將直徑 4 吋(12 公分)空心模型壓在麵團上,壓出塔皮。

10 把壓好的塔皮放入直徑 3 吋的小圓模裡面,用手指推塔皮,使和圓模密合。

11 將高出圓模邊緣的塔皮修掉,再次捏合。

12 以叉子在塔皮表面戳幾排小洞,再放入冷藏鬆弛 30 分鐘。

蛋白霜裝飾

糕點範例

83

13 取出塔皮，把烘焙重石放在小容器中，再移到塔皮上，放入預熱好的烤箱，以上火 180℃、下火 170℃ 盲烤約 20 ～ 25 分鐘。

14 全蛋液攪散後放入盆子中，加入砂糖拌勻。

15 倒入檸檬汁（可先加熱），隔水加熱煮至濃稠狀。

16 加入泡軟擠乾水分的吉利丁片拌勻。

17 加入奶油拌勻成檸檬餡。

18 將檸檬餡倒入放涼的塔皮中，放入冷藏冰硬。

## 製作蛋白霜

⑲ 將蛋白、砂糖倒入無油無水，擦拭乾淨的盆子中混合攪拌。

⑳ 隔水加熱，一邊攪拌至砂糖溶解。

㉑ 以中速打至起粗粒泡沫，倒入檸檬汁。

## 裝飾

㉒ 以高速攪打，直到八～九分發，即以攪拌器舀起，盆子中或攪拌器上的蛋白霜尾端會尖挺，此時又叫乾性發泡。

㉓ 將蛋白霜舀入裝了缺口花嘴的擠花袋中，參照p.78，用花嘴擠出連續彎曲形，放入烤箱以上火 250℃ 烤 4 分鐘，使表面上色。大功告成囉！

---

小叮嚀 │ Tips │

1. 煮檸檬餡時，檸檬汁可以先稍微加熱，再倒入蛋液中，這樣可以縮短煮沸的時間。

2. 煮檸檬餡在達到濃稠狀態時，先不要急著關火，要檢查一下檸檬餡是否達到光滑狀態（熟了），否則會影響口感。此外煮檸檬餡之前，塔殼必須都做好且放涼，餡煮好才能趁熱直接倒入。

# 蒙布朗
## Mont-Blanc

**份量：** 25 個
**保存：** 放入密封盒中，冷藏保存 3 天。


〈材料〉
**達克瓦茲：** 蛋白 100 克、砂糖 35 克、糖粉 26 克、低筋麵粉 10 克、杏仁粉 35 克
**栗子餡：** 含糖栗子醬 250 克、無糖栗子醬 100 克、無鹽奶油 100 克、蘭姆酒 10c.c.


〈裝飾〉
糖漬栗子塊少許、動物性鮮奶油 250 克、防潮糖粉適量


〈步驟〉

**製作達克瓦茲，先打蛋白**

① 將蛋白倒入無油無水，擦拭乾淨的盆子中，先以中速打至起細粒泡沫，約五分發。

② 分兩次加入砂糖，以高速繼續攪打。

③ 繼續攪打至六～七分發，即以攪拌器舀起，盆子中或攪拌器上的蛋白霜尾端會下垂、如鳥嘴彎曲，此時又叫濕性發泡。

濕性發泡

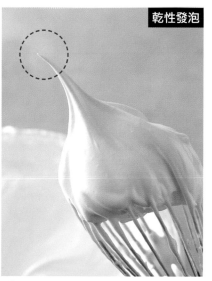

乾性發泡

④ 再繼續攪打，直到八～九分發，即以攪拌器舀起，盆子中或攪拌器上的蛋白霜尾端會尖挺、有倒三角，此時又叫乾性發泡。

**5** 糖粉、低筋麵粉篩入另一個盆子中,加入杏仁粉混合。

**6** 將步驟 **5** 分次倒入蛋白霜中,以刮刀拌勻成麵糊。

**7** 將麵糊舀入裝了平口花嘴的擠花袋中,擠成直徑 4 公分的圓形,放入預熱好的烤箱,以上火 160℃、下火 140℃烘烤約 25 分鐘。

**8** 含糖栗子醬先拌軟,再加入無糖栗子醬混合。

**9** 奶油放在室溫下拌軟,然後加入拌勻。

**10** 加入蘭姆酒拌勻成栗子餡。

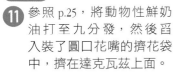

**組合**

⑪ 參照 p.25，將動物性鮮奶油打至九分發，然後舀入裝了圓口花嘴的擠花袋中，擠在達克瓦茲上面。

放在轉枱上，以逆時鐘方向擠。

⑫ 將栗子餡舀入裝了多孔（8孔）花嘴的擠花袋中，先從鮮奶油的外圈以逆時鐘方向開始擠。

⑬ 一手繞著剛才中間擠的鮮奶油，邊擠外圈邊往上繞，使成一個山峰造型。

⑭ 撒上防潮糖粉，放入一塊糖漬栗子，也可以食用金箔裝飾，大功告成囉！

小叮嚀 │ Tips │

1. 步驟 ❷ 打蛋白霜時，一邊攪打一邊加入砂糖，不要停下來，這樣蛋白霜比較不會消泡。

2. 通常含糖栗子醬比較硬，所以必須先拌軟。

89

# 糖霜彩繪餅乾
## Royal Icing Cookies

**份量：**原味 6 片，巧克力 9 片
**保存：**放入密封盒中，冷藏保存 14 天。

〈材料〉
**白麵團：**無鹽奶油 45 克、糖粉 45 克、全蛋 32、低筋麵粉 75 克、杏仁粉 38 克、 檸檬汁和皮 1/4 個份量
**巧克力麵團：**無鹽奶油 60 克、糖粉 60 克、全蛋 45 克、低筋麵粉 90 克、可可粉 25 克、杏仁粉 75 克

〈裝飾〉
蛋白 40 ～ 45 克、糖粉 145 ～ 150 克、檸檬汁 2 毫升、食用色膏適量

〈步驟〉

**製作白麵團**

**1** 將奶油、糖粉倒入盆子中，以刮刀拌勻。

**2** 全蛋液打散，先加入一半量，改用攪拌器拌勻。

**3** 篩入低筋麵粉。

**5** 加入杏仁粉、檸檬皮和汁拌成團。

**4** 倒入剩下的全蛋液，改用刮刀拌勻成團。

⑥ 將麵團放入塑膠袋壓平，放入冷藏鬆弛 3 小時。

⑦ 工作枱上撒些許手粉（高筋麵粉）

⑧ 取出麵團放在工作枱面上，擀成 0.4 公分厚。

## 製作巧克力麵團

⑨ 用不同的餅乾模壓在麵團上，再放入冷藏鬆弛 30 分鐘。

⑩ 將奶油、糖粉倒入盆子中，以刮刀拌勻。先加入一半量全蛋液，改用攪拌器拌勻。

⑪ 篩入低筋麵粉、可可粉。

⑫ 倒入剩下的全蛋液，改用刮刀拌勻成團，再加入杏仁粉拌成團。

⑬ 放入塑膠袋壓平，放入冷藏鬆弛 3 小時。

⑭ 工作枱面上撒些許手粉，取出麵團放在工作枱面上，擀成 0.4 公分厚。

⑮ 用不同的餅乾模壓在麵團上，再放入冷藏鬆弛 30 分鐘。

⑯ 將餅乾麵團放入預熱好的烤箱，以上火 180℃、下火 170℃ 烘烤約 20～25 分鐘。等餅乾烤好後取出，放在冷卻架上冷卻。

## 製作彩色糖霜

⑰ 將蛋白、檸檬汁和糖粉倒入盆子中拌勻。

⑱ 調整硬度，以滴下畫線不消失為佳。

⑲ 如果糖糊太硬，可以加入些許蛋白調整。

⑳ 接著加入少許色膏調色。

## 畫糖霜

㉑ 參照 p.120 三角紙的用法。將糖霜倒入三角紙中，先從餅乾外圍開始畫。

㉒ 然後畫滿表面，放乾，再畫新色線條或是點點，放乾。大功告成囉！

小叮嚀 │ Tips │

1. 調整糖霜濃稠度時，可以分次加入糖粉和蛋白，慢慢調出濃稠。

2. 畫糖霜時從外圈開始畫起，成品才會平坦漂亮。

3. 壓好餅乾模型先放入冰箱冷藏，可以避免變形。

# 馬琳糖
## Meringue Cookies

**份量：**約 15 個
**保存：**放入密封盒中，冷藏保存 7 天。

〈材料〉

水 30 毫升、砂糖（A）100 克、蛋白 125 克、砂糖（B）15 克、鹽 1 克、檸檬汁 2 毫升、開心果碎適量

〈步驟〉

### 煮糖漿

**1** 將水倒入鍋中，接著加入砂糖(A)，讓水完全浸濕砂糖，以中小火將糖水加熱。

**2** 糖水沸騰後放入溫度計，煮至 112℃。

### 開始攪打

**3** 蛋白、砂糖(B)、鹽、檸檬汁倒入盆子中，先以中速攪打發泡，再以高速攪打至七分發（濕性發泡）。

**4** 等糖漿溫度到達後改成中速，把糖漿分次沿著盆子邊緣倒入，倒入糖漿時改成高速攪拌。

### 擠出不同形狀

**5** 持續不間斷以高速保持打發，攪打約 4 ～ 6 分鐘，直到溫度下降至 40℃ 左右為止。最後改成中速攪打（完成的蛋白霜會比較細緻），攪打至表面光亮的乾性發泡狀態。

**6** 蛋白霜舀入裝了八齒菊花花嘴、圓形平口花嘴的擠花袋中，參照 p.29、p.30 擠好漩渦形、貝殼形、星星形和 S 形，擠在烤盤紙上。

### 烘烤

**7** 再將蛋白霜舀入裝了圓形平口花嘴的擠花袋中，先參照 p.80 擠好波浪 S 形，擠在烤盤紙上，撒些許開心果碎。

**8** 放入預熱好的烤箱，以上下火 100 ℃ ～ 110℃ 烘烤約 4 ～ 5 小時。大功告成囉！

小叮嚀 ｜ Tips ｜

1. 馬琳糖進烤箱烘烤時，記得烤溫不可超過規定的溫度，不然成品顏色會變深。此外，建議以旋風式烤箱製作。
2. 烘烤的時間會受到烤箱種類、大小等影響。讀者操作時需特別留意。

# Buttercream Decoration

奶油霜
裝飾

*Buttercream Decoration*

# Ⅰ 認識奶油霜

　　說到糕點裝飾，除了打發鮮奶油之外，以無鹽奶油、蛋和砂糖製作的奶油霜，也是常見的選擇。奶油霜不僅具有特殊風味和濃郁香氣，由於本身適當的硬度，比其他霜餡更適合擠花，更能替糕點增添畫龍點睛之妙。奶油霜使用由來已久，有多個種類，像是：英式奶油霜、法式奶油霜、義式奶油霜和美式奶油霜等等。這些奶油霜又有哪些特色呢？

### 🍷 法式奶油霜

　　配方中使用蛋黃。這款奶油霜充滿濃郁的奶油芳香和蛋黃風味，口感滑順、細膩，和義式奶油霜一樣成品外觀穩定，不易變形，適合裝飾。但因為顏色偏黃，不建議用來調色。另外，它具有光澤和柔軟度，可以輕易抹在任何一種糕點上當作夾餡、擠花，或是和巧克力、栗子泥混合使用。

### 🍷 義式奶油霜

　　因為加入了蛋白霜，含有穩定的氣泡，成品較穩定，常溫環境中也不易融化，因此適合搭配可常溫保存的糕點。口感上比較輕盈，亞洲人接受度高，常用於樹幹蛋糕的內餡、達克瓦茲的夾餡等。此外，配方中沒有蛋黃，所以很容易上色，顏色偏白可調色，方便裝飾糕點，用途廣。

▲義式奶油霜加入蘭姆酒後，風味更有層次。

### 🍷 英式奶油霜

　　口味較甜、厚實。配方中以奶油、糖和牛奶為主，沒有添加蛋白或蛋黃，做法是將所有材料拌勻即可，比較簡單。穩定性較差，不適合裝飾，多用在搭配蛋糕片、司康食用。

### 🍷 美式奶油霜

　　是以全蛋、奶油和糖製作，口感較油膩、偏甜，熱量也較高。這種奶油霜較硬，通常用來擠美式杯子蛋糕的表面餡料。

小叮嚀 ｜ Tips ｜

完成的奶油霜可以冷藏保存兩個星期，冷凍的話則可以保存約一個月。

# II 操作時注意事項

接下來要教大家製作的是口味較清爽，且能用來裝飾，超實用的「義式奶油霜」，所以操作上的注意事項是以義式奶油霜為主。

## 🍸 奶油要軟化

製作奶油霜時，必須先將奶油放在室溫使其軟化（以手指可以輕鬆按壓的軟度），才能拌軟加入糖等食材，但要注意奶油並不是要融成金黃液體。冬天若奶油放很久還不軟，可以試著用隔熱水加熱的方式軟化，但需時時注意以免融成液體。如果想用微波爐加熱更要謹慎，以大約 3 秒一次，視融化狀況加溫。

▶奶油軟化後拌至鬆軟，才能加入其他食材。

## 🍸 蛋白霜冷卻後才能加入

奶油要加入打好的蛋白霜時，一定要等義式蛋白霜的溫度（因為加入了沸騰的糖漿攪打）降至約 30 ～ 35℃，才能把奶油加入。如果溫度還太高就加入奶油，會導致奶油油水分離，完成的奶油霜量會變少。

## 🍸 室溫下操作

打發奶油霜不像鮮奶油般必須控制環境和器具的溫度，只要在一般室溫、常溫下操作即可，新手成功率也較高。

▶室溫下攪打奶油霜即可。

## 🍸 奶油霜放軟回溫再用

做好的奶油霜用不完可以放在密封盒中，放入冷藏保存。取出冷藏奶油霜使用時，先讓變硬的奶油霜在室溫自動退冰，再以槳狀攪拌器攪打至滑順。

以下是義式奶油霜的做法，製作時的重點在「成功的義式蛋白霜」和「蛋白霜確實冷卻後再加入奶油」，新手們製作時要特別注意喔！

# 製作義式奶油霜

〈材料〉

水 25 毫升、砂糖 150 克、白麥芽 20 克、蛋白 75 克、檸檬汁 1 毫升、無鹽奶油 270 克、蘭姆酒 35 毫升

〈步驟〉

### 煮糖漿

**1** 將水倒入鍋中，接著加入砂糖、白麥芽，以中小火加熱至 112℃。

### 製作蛋白霜

**2** 蛋白和檸檬汁倒入盆子中，先以中速攪打發泡，繼續攪打至約七分發的濕性發泡，即以攪拌器舀起，盆子中或攪拌器上的蛋白霜尾端會下垂、如鳥嘴彎曲。

### 加入奶油

**3** 等糖漿溫度到達後改中速，把糖漿分次沿著盆子邊緣倒入步驟 **2** 中。

**4** 等糖漿完全倒完，再改以高速攪打，攪打至乾性發泡，此時蛋白霜表面光亮，以刮刀或攪拌器舀起，刮刀上的蛋白霜尾端會尖挺。

**5** 等蛋白霜溫度降至約 35℃，分次加入奶油拌勻。

**6** 加入蘭姆酒拌勻。

---

小叮嚀 | Tips |

1. 打發義式蛋白霜時，糖漿溫度約110～120℃皆可，但因為新手比較難掌控溫度，所以建議煮到110～112℃。

2. 義式奶油霜因為加入了蛋白霜，所以口感較清爽，而且奶油霜較不易消泡，穩定度高，用來裝飾非常適合。

3. 加入的奶油要先軟化才可以加入，把奶油切成小塊會有助於奶油軟化。

4. 糖漿達到正確溫度，並且在打至七分發（濕性發泡）的蛋白霜時加入，義式蛋白霜才會成功。

▲奶油切小塊可加速軟化。

學會裝飾技巧！

爽口不膩的義式奶油霜除了原色，只要再加入色膏、可可粉或其他果醬拌勻，就成了彩色調味奶油霜了，用在擠花裝飾非常適合。以下是以玫瑰花嘴、葉子花嘴為範例擠出的花樣。

# 奶油霜擠花

## {玫瑰花嘴}

〈器具和材料〉
玫瑰花嘴、擠花袋、義式奶油霜適量（做法參照 p.99）

連續閃電形

〈步驟〉

**開始**

**1** 義式奶油霜裝入擠花袋中，將花嘴角度開口較短的那端朝上，較長那端朝下，握緊擠花袋。

**2** 與桌面約呈 45 度角，稍微傾斜角度擠出。

**3** 由前面往後面擠，擠出的力道和速度要保持一致，利用手腕的轉動擠成閃電形狀。

**完成**

**4** 擠出時，間隔距離要一致，整體才會美觀。大功告成囉！

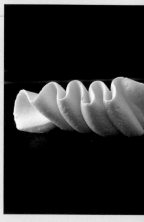

小波浪形

〈步驟〉

**開始**

**1** 義式奶油霜裝入擠花袋中，將花嘴角度開口較長的那端朝上，較短那端朝下，握緊擠花袋。花嘴靠近桌面，稍微傾斜施力擠出。

**2** 平行由左往右拉出小波浪形狀，停頓一下，擠出兩個小波浪。

**完成**

**4** 擠出時，間隔距離要一致，整體才會美觀。大功告成囉！

**3** 接著再重複動作，擠出四個小波浪。

# {葉子花嘴}

**〈器具和材料〉**
葉子花嘴、擠花袋、義式奶油霜適量（做法參照 p.99）

葉子形

**〈步驟〉**

**開始**

**1** 義式奶油霜裝入擠花袋中，握緊擠花袋，將花嘴靠近桌面，一點點傾斜向上。

**2** 由前往後稍微施力，慢慢擠出奶油霜。

**3** 花嘴由前面擠到後面拉長（慢慢往上拉）。

**完成**

**5** 直接收尾，大功告成囉！

**4** 收尾時放鬆力氣，縮小寬度，擠出葉子形狀。

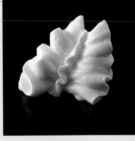

蕾絲形

**〈步驟〉**

**開始**

**1** 義式奶油霜裝入擠花袋中，握緊擠花袋，將花嘴靠近桌面，一點點傾斜向上。

**2** 由前往後稍微施力，慢慢擠出奶油霜。

**完成**

**3** 花嘴由前面擠到後面拉長（慢慢往上拉）。

**4** 直接收尾，大功告成囉！

**小叮嚀 | Tips |**
建議使用蛋糕轉枱比較容易操作。

如歌劇院般的外型，是很經典的法式糕點。
蛋糕、奶油霜與甘那許、咖啡糖水的美味層疊，絕對必嘗。

# 歐培拉

## Opera Cake

**份量：**長 20 公分 × 寬 16 公分 × 高 4 公分
**保存：**放入密封盒中，冷藏保存 5 天。

〈材料〉
**蛋糕體：**杏仁粉 60 克、糖粉 60 克、全蛋 100 克、蛋黃 75 克、蛋白 119 克、砂糖 40 克、低筋麵粉 35 克
**巧克力甘那許：**動物鮮奶油 50 毫升、牛奶 100 毫升、葡萄糖漿 15 克、苦甜巧克力 200 克、無鹽奶油 30 克、蘭姆酒 15 毫升
**咖啡糖水：**水 25 毫升、砂糖 25 克、即溶咖啡 150 毫升、卡魯哇酒（Kalua）10 毫升
**咖啡奶油霜：**水 22 毫升、砂糖 150 克、白麥芽 15 克、蛋白 75 克、無鹽奶油 270 克、濃縮咖啡液 6 毫升

〈裝飾和其他〉
小片苦甜巧克力 50 克、食用金箔適量

〈步驟〉

**製作蛋糕，先做麵糊**

**1** 將杏仁粉、糖粉和全蛋、蛋黃倒入盆子中。

**2** 攪打 8 ～ 10 分鐘，至有稠度。

**打蛋白霜**

**3** 將蛋白倒入無油無水，擦拭乾淨的盆子中，先以中速打至起細粒泡沫，約五分發。

**4** 分兩次加入砂糖，以高速繼續攪打。

濕性發泡

**5** 繼續攪打至六～七分發（濕性發泡），即以攪拌器舀起，盆子中或攪拌器上的蛋白霜尾端會下垂、如鳥嘴彎曲。

**6** 先取一點蛋白霜加入步驟 **2**，以刮刀拌勻。

**7** 再將拌勻的步驟 **6** 整個倒入蛋白霜盆中，以刮刀拌勻。

**8** 加入過篩的低筋麵粉，以刮刀翻拌成麵糊。

**麵糊入模烘烤**

**10** 將烤好的蛋糕取出放涼，撕下烘焙紙。

**9** 將麵糊倒入鋪了烘焙紙的烤盤（長 36× 寬 30 公分），以刮板抹平表面，放入預熱好的烤箱，以上火 210℃、下火 190℃ 烘烤 10 ～ 15 分鐘。

**11** 將鮮奶油、牛奶和葡萄糖漿倒入鍋中,煮至90℃(鍋子邊緣有泡泡)。

**12** 苦甜巧克力稍微以微波或隔熱水加熱,但不用完全融化(融化一些)。

**13** 將熱鮮奶油分次慢慢加入苦甜巧克力中拌勻。

**14** 將巧克力鮮奶油倒入均質機的容器中,等降溫至大約40℃時,加入軟化的奶油。

**15** 操作至完全乳化,此時液體會呈光滑的亮面。

**16** 等液體降溫至大約30℃時,倒入蘭姆酒拌勻即可。

**17** 將水、砂糖（1：1）倒入鍋中煮至砂糖溶解，倒入咖啡、卡魯哇酒拌勻。

小叮嚀 │ Tips │

1. 因為份量不多，建議用小鍋，以中火煮即可。
2. 喜歡咖啡味重的人，可以多加一點咖啡。

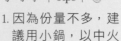

**19** 參照 p.76 義式蛋白霜的做法，將蛋白攪打至濕性發泡。

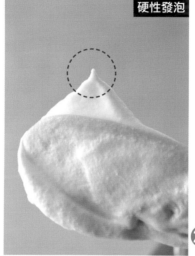

硬性發泡

**18** 將水倒入鍋中，接著加入砂糖、白麥芽，以中小火加熱至 112℃。

**20** 參照 p.76，將蛋白攪打至乾性發泡。

組合

**21** 等蛋白霜溫度降至約 35℃，分次加入奶油拌勻，再加入蘭姆酒拌勻。

**22** 將蛋糕切成三等份，取一份蛋糕，下面鋪上烘焙紙，抹上一層融化的苦甜巧克力，可將烤盤翻面，蛋糕片放在上面操作。

抹巧克力那面朝下

**23** 將蛋糕翻面，抹融化的苦甜巧克力那面朝下。

㉔ 蛋糕刷上一層咖啡糖水,倒入奶油霜抹平。

㉕ 蓋上第二片蛋糕。

㉖ 刷上一層咖啡糖水,抹上巧克力甘那許。

㉗ 蓋上第三片蛋糕,刷上咖啡糖水後抹上奶油霜,放入冷藏 1 小時冰硬。

㉘ 取出冰硬的蛋糕,表面淋上巧克力甘那許。甘那許溫度要控制在 40℃,溫度太高抹起來很薄,蓋不住蛋糕;溫度太低會抹不平(抹的速度要快)。

㉙ 整個放入冷藏變硬,約 30 分鐘,表面可以用巧克力甘那許寫字,撒上些許食用金箔。大功告成囉!

小叮嚀 | Tips

1. 可以參照p.120～121三角紙巧克力甘那許畫筆,寫上想裝飾的字。

2. 歐培拉的特色在於以咖啡糖水抹蛋糕的濕潤口感,所以為了避免底層蛋糕因此破裂,底層會抹上一層苦甜巧克力。

# 巧克力棒棒糖
## Chocolate Lollipop

**份量：**配方中榛果奶油霜的量可做約 25 根。

**保存：**密封盒中，常溫下保存 14 天。

〈裝飾〉

小花糖片、小銀珠和彩色巧克力珠各適量

〈材料〉

**榛果奶油霜：**水 15 毫升、砂糖 100 克、白麥芽 10 克、蛋白 50 克、無鹽奶油 180 克、烤好的榛果 50 克、榛果醬 50 克、蘭姆酒 20 毫升

**每支棒棒糖所需的餅乾和披覆（1 支份量）：**奧力歐餅乾 2 片、榛果奶油霜 15 克、免調溫白巧克力 40 克

〈步驟〉

**製作榛果奶油霜**

① 將水倒入鍋中，接著加入砂糖、白麥芽，以中小火加熱至 112℃。

② 參照 p.76 義式蛋白霜的做法，將蛋白攪打至濕性發泡。

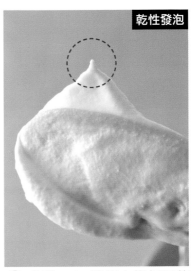

乾性發泡

③ 參照 p.76，將蛋白攪打至乾性發泡。

④ 等蛋白霜溫度降至約 35℃，分次加入奶油拌勻成義式奶油霜（可參照 p.99）。榛果放入塑膠袋中壓碎。

⑤ 將榛果醬、榛果碎加入步驟 ④ 義式奶油霜中拌勻。

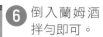

6 倒入蘭姆酒拌勻即可。

7 將榛果奶油霜舀入三角紙中（三角紙做法參照 p.120），在一片奧力歐上面，擠上榛果奶油霜。

8 將白色棒棒棍放在榛果奶油霜中間。

9 放上另一片奧力歐夾好。

## 融化白巧克力（披覆）

10 將兩片餅乾邊緣的榛果奶油霜修平，放入冰箱冰硬。

11 將白巧克力放入盆子中，隔熱水加熱使融化成液體。

⑫ 取出冰硬的的棒棒糖，將奧力歐沾裹白巧克力，放入冰箱冰硬。
每一支約沾裹 40 克融化白巧克力。。

**裝飾**

⑬ 將些許白巧力舀入三角紙中，在變硬的奧力歐上畫上裝飾線條。

⑭ 用小花糖片裝飾，再擺上小銀珠即可，大功告成囉！

小叮嚀 │ Tips │

1.除了白巧克力，也可以使用免調溫的草莓巧克力、原味巧克力製作，再搭配其他顏色的裝飾品即可。這款棒棒糖做法很簡單，成品更出人意外的漂亮，新手嘗試也絕不失敗。

2.餅乾擠入榛果奶油霜時要擠滿，不要有空洞，否則裡面會有空氣，保存不久，很快就會壞掉。

3.步驟 ⑩ 修整餅乾邊緣後就要放入冰箱冰硬，再取出以白巧克力披覆。沒有冰硬的話，披覆的白巧克力和棒棒容易滑落。

# 咖啡核桃蛋糕
## Coffee and Walnut Cake

**份量：**9 公分 ×4 公分，約 6 份。
**保存：**放入密封盒中，冷藏保存 7 天。

〈材料〉
**蛋糕：**全蛋 250 克、砂糖 125 克、低筋麵粉 110 克、無鹽奶油 25 克、牛奶 35 毫升、咖啡粉 5 克
**奶油霜：**水 15 毫升、白麥芽 10 克、砂糖 100 克、蛋白 50 克、無鹽奶油 180 克、蘭姆酒 25 毫升

〈裝飾〉
咖啡奶油霜 350 克、濃縮咖啡液 12c.c.、蜜核桃 85 克、開心果、腰果和蔓越莓各適量

〈步驟〉

**製作蛋糕麵糊**

**1** 將全蛋、砂糖倒入盆子中。

**2** 以中速攪打至顏色泛白且膨發，以攪拌器舀起在麵糊上畫線，線條可以維持不消失的狀態。

線條可維持不消失

**3** 篩入低筋麵粉在麵糊表面，以刮刀輕輕拌勻，動作要輕快，以免麵糊消泡。

**4** 將奶油、牛奶倒入鍋中，加熱至 45℃。

**5** 倒入咖啡粉中拌勻。

**完成麵糊**

**6** 將步驟 **5** 倒入步驟 **3** 中拌勻成麵糊。

**麵糊入模烘烤**

**7** 將麵糊倒入鋪了烘焙紙的烤盤（長 36 公分 × 寬 30 公分），以刮板抹平表面。

⑧ 兩手抓住烤盤敲一下桌面,放入烤箱,以上火 200℃、下火 180℃ 烘烤 10～15 分鐘。

⑨ 將水倒入鍋中,接著加入砂糖、白麥芽,以中小火加熱至 112℃。

⑩ 參照 p.76 義式蛋白霜的做法,將蛋白攪打至濕性發泡。

⑪ 參照 p.76,將蛋白攪打至乾性發泡。

**切割蛋糕**

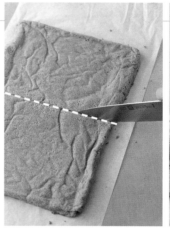

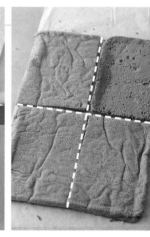

⑫ 等蛋白霜溫度降至約 35℃,分次加入奶油拌勻,再加入蘭姆酒拌勻。

⑬ 將烤好的蛋糕放涼,撕掉烘焙紙。

⑭ 將蛋糕放在烘焙紙上,先對切,再對切,一共四片。

**組合**

⑮ 排第一層蛋糕時底(表皮)朝下,將四片蛋糕都疊好。

⑯ 核桃放入塑膠袋中壓碎。

**17** 排第一層蛋糕，上面抹一層咖啡奶油霜，撒些核桃碎。

**18** 鋪上第二層蛋糕，然後依序抹一層咖啡奶油霜，撒些核桃碎，一共四層。

**19** 蓋上烘焙紙，用板子稍微壓一下，放入冰箱冰硬。

**20** 表面抹上咖啡奶油霜，兩手握鋸齒刀的兩邊，刀刃稍傾斜，從左到右做出波浪形狀。

**21** 再切成 9 公分 ×4 公分一塊，大功告成囉！

小叮嚀 | Tips

蛋糕組合好之後用板子壓平，這樣蛋糕才會平整，不會彎曲。此外，要放入冰箱冰硬，切好的蛋糕才會漂亮。

# Ganache Decoration

## 巧克力
## 甘那許
## 裝飾

Ganache Decoration

# I 認識巧克力甘那許

　　巧克力甘那許（Ganache）最基本的配方是巧克力、牛奶或鮮奶油（有時是奶油）、液態糖（糖漿），主要用來裝飾糕點、淋面、內餡，或者當作慕斯的基底。在做法上，因為只是將熱鮮奶油倒入切碎的巧克力中混合，不需經過特別調溫，所以做法簡單，即使烘焙新手也能成功製作。巧克力和鮮奶油的比例視用途而改變，巧克力比例愈高，則巧克力甘那許口感愈硬。在光澤感上，溫熱狀態下混合好的巧克力甘那許會呈現光澤；冷卻狀態下混合好的巧克力甘那許則沒有光澤，讀者可依自己的用途製作。在口味上，基本做法的巧克力甘那許沒有加入餡料、香料、酒等調味，口味較單純。如果想嘗試其他不同的風味，可以試著調味，常見用來做巧克力甘那許調味的有抹茶粉、卡魯哇咖啡酒、奶酒、各種果泥等等，固體或液體材料皆可使用，但須注意使用液體調味料時，基本原則是「鮮奶油＋液體調味料：巧克力＝1：1」。此外在香味上，巧克力甘那許中加入的鮮奶油或奶油，便能提供濃郁的奶香。

▲圖中以巧克力甘那許做經典的奧地利沙哈的淋面。

▲巧克力甘那許可以放入三角紙中寫字或者畫圖，當作點心的裝飾。

# Ⅱ操作時注意事項

雖然巧克力甘那許對新手來說比較簡單操作,但是仍有以下幾點,
包括食材和器具需要注意的地方!

### ♟ 使用動物性鮮奶油製作

建議使用含 35 ～ 42％乳脂肪的動物性鮮奶油製作,如果使用
乳脂肪含量過高的鮮奶油,再加上巧克力中本身含的可可脂,容
易導致油水分離。

▶巧克力甘那許
的理想狀態:滑
順、有光澤、化
口性佳。

### ♟ 以均質機乳化較佳

製作巧克力甘那許過程中,攪拌的步驟非常重要。建議使用均
質機,才能將巧克力甘那許徹底乳化至滑順,並帶有光澤,達到
極佳的乳化效果。

▶以均質機操作
省時又方便。

### ♟ 容器保持乾淨

操作巧克力甘那許時,盛裝的容器洗淨後要擦乾水分,不然沾到水會影響完成的巧克力甘
那許的光澤度和硬度。

### ♟ 選用含水量少、濃度高的食材調味

製作巧克力甘那許時,如果用來調味的液體食材(酒或果泥)
使用量過多,會影響巧克力甘那許的口感和濃稠,甚至導致油水
分離,所以建議使用如抹茶粉、綠茶粉等固體調味。

▶如果使用這些
液體食材調味,
要注意用量。

## 學會基本技巧！

# 製作巧克力甘那許

〈材料〉

苦甜巧克力 200 克、動物性鮮奶油 50 毫升、牛奶 100 毫升、葡萄糖漿 15 克、無鹽奶油 30 克、蘭姆酒 15 毫升

〈步驟〉

### 融化巧克力、加熱液體

### 攪拌、乳化

**1** 將苦甜巧克力倒入鋼盆中，隔熱水加熱稍微融化，但不用完全融化。

**2** 將鮮奶油、牛奶倒入鍋中，倒入葡萄糖漿，加熱至 90℃（鍋子邊緣有泡泡）。

**3** 將熱鮮奶油慢慢倒入苦甜巧克力，先讓兩者稍微自然融合，再攪拌至融化（須呈光滑亮面）。

### 完成

**4** 倒入均質機的容器中，加入奶油，操作至完全乳化。

**5** 等大約降溫至 35℃ 時，加入蘭姆酒拌勻即可。

---

小叮嚀 │ Tips │

1. 加入奶油乳化完成後，必須先等降溫至35℃才能倒入蘭姆酒，否則巧克力甘那許容易油水分離。

2. 巧克力必須隔熱水加熱或以微波爐融化，不能直接融化，會破壞巧克力的質。

3. 在步驟 **3** 中，如果鮮奶油全部倒入之後，還有巧克力結粒沒有融化的話，就要隔水加熱。

4. 鮮奶油如果溫度太高，可能會造成巧克力中的油脂溢出，成品的甘那許會出現油水分離，也就是有一層透明的油浮在表面。若出現這種情況，可以將鮮奶油緩緩分次加入巧克力並攪拌，就能解決油水分離的問題。

5. 加入奶油時使用均質機器乳化，效果會更好。

# 三角紙擠花袋
# 巧克力畫筆

當擠花的餡料量少、覺得清洗擠花袋很麻煩，或是剛好手邊沒有擠花袋時，以防油紙做成的三角紙擠花袋便能派上用場囉！

## 〈器具和材料〉

防油三角紙（長 47 公分 × 寬 47 公分）1 張、巧克力甘那許適量（做法參照 p.119）

## 〈步驟〉

### 裁剪防油紙

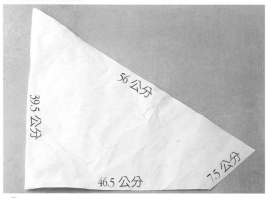

56 公分
39.5 公分
46.5 公分
7.5 公分

**1** 將防油紙裁剪成圖中的尺寸。

**2** 參照圖片，兩手握著紙的兩端。

### 捲紙

**3** 右側開始，將習慣手的掌心朝上，以食指和中指把三角紙往內捲。

**4** 把夾著的手指放開，另外一隻手伸入，將前端擠花口的形狀整理好。

**5** 直接順著捲到最後，形成圓錐筒狀。

### 折入邊角

**6** 捲好之後把邊角內側折入，以免圓錐筒的形狀散開。

**7** 三角紙袋口徑約0.3mm，可依想描繪的圖案調整大小。口徑越小擠出的圖案線條越細，但會更難擠出。

### 裝入巧克力甘那許

**8** 以抹刀將少許甘納許抹入三角紙擠花袋中。

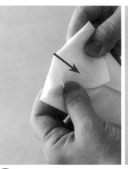

**9** 將上方的開口往下折兩折。

**10** 將左右角往內折，將開口封起來扭緊即可。

## 學會裝飾技巧！

將巧克力甘那許裝入三角紙擠花袋中操作（巧克力甘那許畫筆），可用在蛋糕表面裝飾畫圖案，或者寫字，但如果使用的是冷藏取出的巧克力甘那許，注意融化巧克力甘那許時，溫度不可超過 50℃。

# 巧克力甘那許畫線

**{線條}**

〈器具和材料〉
三角紙擠花袋、巧克力甘那許適量（做法參照 p.119）

**垂線形**

〈步驟〉

**開始**

① 巧克力甘那許裝入擠花袋中，擠花袋開口朝下，橫握著拿。花嘴傾斜，與桌面約呈 60 度角，開口幾乎快碰到桌面，慢慢擠出。

此時袋口稍提起，沒有碰到桌面。

② 中途改以懸空垂落的方式擠出。

**完成**

③ 收尾時逐漸放鬆力氣，慢慢下降。

④ 力量要平均，平穩的往右邊移動。大功告成囉！

**連續 S 形**

〈步驟〉

**開始**

① 巧克力甘那許裝入擠花袋中，擠花袋開口朝下，橫握著拿。花嘴傾斜，與桌面約呈 45 度角，開口幾乎快碰到桌面，慢慢擠出。

此時袋口稍提起，沒有碰到桌面。

② 中途改以懸空垂落的方式擠出。

③ 一氣呵成快速拉出連續 S 形狀。

**完成**

④ 大功告成囉！

# {圖案}

〈器具和材料〉
三角紙擠花袋、巧克力甘那許適量（做法參照 p.119）

〈步驟〉

幾何形

**開始**

① 巧克力甘那許裝入擠花袋中，慣用手握住擠花袋上方開口處，另一隻手托著下面，像用筆一樣擠出。

② 中途改以懸空垂落的方式擠出，邊放鬆力量邊畫出線條。

③ 利用擠出力氣的強弱，控制線條粗細，如圖畫一個類似交叉「8」。

④ 再如圖擠出高矮兩次圖案，即可畫出幾何圖形。

**完成**

⑤ 大功告成囉！

---

〈步驟〉

山峰形

**開始**

① 巧克力甘那許裝入擠花袋中，慣用手握住擠花袋上方開口處，另一隻手托著下面，像用筆一樣擠出。

② 利用擠出力氣的強弱，控制線條粗細，畫一個細長橢圓形（長峰）。

③ 中間畫一個方圓，當作中峰。

④ 畫一個寬度大於中峰的橫排長橢圓形底峰。

**完成**

⑤ 大功告成囉！

# {垂線組合圖案}

**〈器具和材料〉**

三角紙擠花袋、巧克力甘那
許適量（做法參照 p.119）、
圖樣紙、透明片

**〈步驟〉**

### 開始

**1** 準備好一張圖樣紙，
也可以自己設計圖
樣，建議先從簡單
的圖形開始練習。

**2** 在圖樣紙上面蓋上
一張透明片。

### 描圖練習

**3** 巧克力甘那許裝入
擠花袋中，擠花袋
開口朝下蓋好。

**4** 擠花紙袋橫握拿著。
花嘴傾斜，與桌面
約呈 60 度角，開口
幾乎快碰到桌面，
慢慢依底部的圖樣
描圖練習。

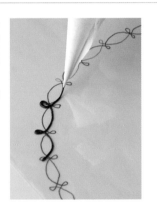

---

小叮嚀 │ Tips │

1. 呼吸會導致手腕震動，所以準備畫巧克力筆前，先深呼吸一下。

2. 擠花裝飾時，常會需要轉動裝飾的方向完成擠花圖樣，建議準備一個蛋糕轉枱，
   操作或練習更方便。也可以用平底盤或淺盤代替，在盤上面練習描繪。

3. 擠花時身體稍微向前傾，保持適當距離，藉由雙臂與上半身的移動，在胸前操作
   擠花。可以慣用手拿三角紙擠花袋，另一隻手托住，稍微用力操作更穩定。描繪
   時要從左向右畫，成品才不會抹到，更美觀。

4. 新手想以擠花技巧描繪出漂亮的圖案，可以從描繪簡單的圖形練習起。先用A4白
   紙上用筆描好線條或圖案，再蓋上透明A4尺寸的墊板或賽露露板，勤加練習必能
   熟練。

▲蛋糕轉枱是擠花裝
飾的好幫手，可選用
適合材質的產品。

巧克力甘那許裝飾

基本技巧

奧|地|利|的|國|寶|糕|點|，|巧|克|力|蛋|糕|加|上|甘|那|許|淋|面|，|
巧|克|力|愛|好|者|不|可|錯|過|！

# 沙哈
## Sachertorte

份量：5 吋 1 個
保存：放入密封盒中，冷藏保存 3 天。

〈材料〉

**蛋糕體：**無鹽奶油 70 克、砂糖（A）20 克、鹽 1 克、蛋黃（室溫）60 克、苦甜巧克力 60 克、蛋白 100 克、砂糖（B）50 克、低筋麵粉 70 克

**奶油霜：**水 15 毫升、砂糖 100 克、葡萄糖漿 10 克、蛋白 50 克、無鹽奶油 180 克、蘭姆酒 5 毫升

**巧克力甘那許：**動物性鮮奶油 100 克、牛奶 100 毫升、葡萄糖漿 15 克、苦甜巧克力 200 克、無鹽奶油 30 克、蘭姆酒 15 毫升

**酒糖水：**水 100 毫升、砂糖 100 克、白蘭地 10 毫升

〈裝飾〉

食用金箔、裝飾巧克力片各適量

〈步驟〉

**製作巧克力蛋黃糊**

**1** 將奶油、砂糖（A）和鹽倒入盆中。

**2** 以攪拌器打發至乳白色。

**3** 將蛋黃分次慢慢加入攪拌。

**4** 加入最後的蛋黃時不要加太快，以免油水分離。拌均勻。

**5** 巧克力隔熱水加熱融化至 35℃，加入蛋黃糊中拌勻。

**製作蛋白霜**

**6** 將蛋白倒入無油無水，擦拭乾淨的盆子中，先以中速打至起細粒泡沫，約五分發。

**7** 分次加入砂糖，以高速繼續攪打。

**濕性發泡**

**8** 繼續攪打至六～七分發（濕性發泡），即以攪拌器舀起，盆子中或攪拌器上的蛋白霜尾端會下垂、如鳥嘴彎曲。

**完成麵糊**

⑩ 加入剩下的蛋白霜，以刮刀拌勻，再加入剩下的麵粉，以刮刀翻拌均勻成麵糊。

⑨ 先取一點蛋白霜加入步驟 ❺ ，以刮刀拌勻，加入一半量的麵粉，以刮刀翻拌勻。

**麵糊入模**

**製作奶油霜**

⑪ 將麵糊倒入鋪了烘焙紙的模型，以刮板抹平表面。

⑫ 兩手抓著模型輕敲桌面，使麵糊中沒有空氣，放入預熱好的烤箱，以上火190℃、下火170℃烘烤約40分鐘。

⑬ 將水倒入鍋中，接著加入砂糖、葡萄糖漿，以中小火加熱至112℃。

⑭ 蛋白倒入盆子中，先以中速攪打發泡，打至約七分發的濕性發泡。等糖漿溫度到達後改中速，把糖漿分次沿著盆子邊緣倒入。

⑮ 等糖漿完全倒完，再改以高速攪打，攪打至乾性發泡。等蛋白霜溫度降至約35℃，分次加入奶油拌勻。

⑯ 加入蘭姆酒拌勻成奶油霜。

### 製作巧克力甘那許

⑰ 將苦甜巧克力倒入鋼盆中,隔熱水加熱稍微融化,但不用完全融化。鮮奶油、牛奶倒入鍋中,倒入葡萄糖漿,加熱至90℃(鍋子邊緣有泡泡)。

⑱ 將熱鮮奶油慢慢倒入苦甜巧克力,先讓兩者稍微自然融合,再攪拌至融化(須呈光滑亮面)。

⑲ 倒入均質機的容器中,加入奶油,操作至完全乳化。等大約降溫至35℃時,加入蘭姆酒拌勻即可。

### 製作酒糖水

⑳ 將水、砂糖(1:1)倒入鍋中煮至砂糖溶解,倒入白蘭地拌勻。

小叮嚀 | Tips |
先倒水,再加入砂糖,以中火加熱。

### 組合

㉑ 取出烤好的蛋糕,放冷卻,切掉表皮,再切成三等份。

㉒ 取一份蛋糕,刷上一層酒糖水,倒入奶油霜抹平。

**23** 蓋上第二片蛋糕，依序刷糖水、抹奶油霜，蓋上第三片蛋糕。

**24** 抹上奶油霜，然後側面也抹奶油霜，放入冷藏冰硬。

**25** 取出冰硬的蛋糕，從上面淋入巧克力甘那許（甘那許溫度控制在 35℃）。用抹刀修飾，最後整個放入冷藏變硬，約 30 分鐘。

裝飾

**26** 在蛋糕上擺放裝飾巧克力片，撒些許食用金箔，大功告成囉！

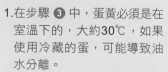

小叮嚀 │ Tips │

1. 在步驟 **3** 中，蛋黃必須是在室溫下的，大約30℃，如果使用冷藏的蛋，可能導致油水分離。

2. 以巧克力甘那許淋面在蛋糕上面時，要迅速將甘那許抹平，否則甘那許會凝結變硬無法抹，困難度增加。

做法非常簡單的經典奶酥餅乾，一次學會香草、巧克力風味，自己品嘗或送人都合適。

# 菊花奶酥餅乾
## Vanille and Chocolate Sablés

巧克力甘那許裝飾

糕點範例

**份量**：香草 25 片，巧克力 20 片。
**保存**：放入密封盒中，冷藏保存 14 天。

〈材料〉

**香草風味**：無鹽奶油 140 克、糖粉 100 克、鹽 1 克、香草精 0.2 克、全蛋 50 克、低筋麵粉 220 克
**巧克力風味**：無鹽奶油 110 克、糖粉 80 克、鹽 1 克、全蛋 40 克、低筋麵粉 140 克、可可粉 20 克

〈裝飾〉

巧克力甘那許適量（做法參照 p.119）、巧克力米、草莓果醬各適量

〈步驟〉

**製作香草餅乾麵團**

**1** 將奶油、糖粉、鹽和香草精放入盆子中，先拌勻，再攪打至呈乳白色，接著分次加入全蛋拌勻。

**2** 篩入低筋麵粉。

**3** 以刮刀拌成麵糊。

**擠出圖形、烘烤**

**4** 將麵糊舀入裝了八齒菊花花嘴的擠花袋中，擠成 S 形、馬蹄形或花圈形狀，放入預熱好的烤箱，以上下火 180℃ 烘烤 15 ～ 20 分鐘。

**製作巧克力餅乾麵團**

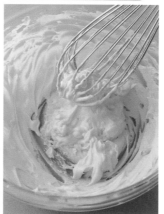

**5** 將奶油、糖粉、鹽放入盆子中，先拌勻，再攪打至呈乳白色，接著分次加入全蛋拌勻。

**6** 篩入低筋麵粉、可可粉，以刮刀翻拌均勻成麵糊。

**7** 將麵糊舀入裝了八齒菊花花嘴的擠花袋中，擠成愛心形、馬蹄形，放入預熱好的烤箱，以上下火 180℃ 烘烤 15 ～ 20 分鐘。

**8** 取出烤好的餅乾，放在冷卻架上放涼。

**裝飾 1**

**9** 將香草餅乾沾裹巧克力甘那許。

**10** 將草莓果醬舀入三角紙擠花袋中，擠在香草餅乾上點綴。

**裝飾 2**

**11** 將巧克力餅乾分別沾巧克力甘那許、巧克力米。大功告成囉！

小叮嚀｜Tips｜

操作步驟 **1** 和步驟 **5** 時特別注意，奶油、糖粉、鹽和香草精先拌勻後，一定要攪打至呈乳白色。這樣不僅麵團裝入擠花袋後比較容易擠出形狀，不會因為太硬而擠出時爆掉，而且出爐後的餅乾口感較酥，風味也比較好。

國家圖書館出版品預行編目

點心裝飾，基礎的基礎：烘焙新手的第一堂課：鮮奶油、香緹、
蛋白霜、奶油霜、甘那許裝飾技巧和糕點製作／盧美玲著.

-- 初版. -- 臺北市：朱雀文化, 2017.07

面；公分 -- (Cook50；165)

ISBN 978-986-94586-8-9（平裝）

1.點心食譜

427.16

Cook50165

# 點心裝飾，基礎的基礎

## 烘焙新手的第一堂課：鮮奶油、香緹、蛋白霜、奶油霜、甘那許裝飾技巧和糕點製作

| | |
|---|---|
| 作者 | 盧美玲 |
| 攝影 | 林宗億 |
| 內文版型 | See_U Design |
| 封面&完稿 | 張歐洲 |
| 編輯 | 彭文怡 |
| 校對 | 連玉瑩 |
| 企畫統籌 | 李橘 |
| 總編輯 | 莫少閒 |
| 出版者 | 朱雀文化事業有限公司 |
| 地址 | 台北市基隆路二段13-1號3樓 |
| 電話 | （02）2345-3868 |
| 傳真 | （02）2345-3828 |
| 劃撥帳號 | 19234566 朱雀文化事業有限公司 |
| e-mail | redbook@ms26.hinet.net |
| 網址 | http://redbook.com.tw |
| 總經銷 | 大和書報圖書股份有限公司（02）8990-2588 |
| ISBN | 978-986-94586-8-9 |
| 初版一刷 | 2017.07 |
| 定價 | 320元 |
| 出版登記 | 北市業字第1403號 |